8

Band 18 · August 1982

isotopenpraxis

AKADEMIE-VERLAG

ISSN 0021—1915 Isotopenpraxis, Berlin 18 (1982) 8, 273—312

EVP 9,— M 32036

ISOTOPENPRAXIS

herausgegeben von J. Mühlenpfordt, Berlin

An unsere Autoren

Die Zeitschrift veröffentlicht Beiträge zu folgenden Themen: Kontrolle und Analyse radioaktiver und stabiler Isotope, Anwendung radioaktiver und stabiler Isotope in allen Gebieten der Forschung und Technik, der Industrie, Landwirtschaft und Medizin, Herstellung radioaktiver und stabiler Isotope sowie von markierten Verbindungen, kernelektronische Geräte für die Isotopenanwendung (Dickenmesser, Dichtemesser u. ä.) Detektoren für isotopentechnische Arbeiten und den Strahlenschutz in Isotopenlaboratorien, Meßtechnik und Strahlenschutz, Dosimetrie in Isotopenlaboratorien, kerntechnische Geräte für die Isotopenanwendung (Beton, Bestrahlungsanlagen u. ä.), Strahlenchemie, Radiochemie, ökonomische und perspektivische Fragen, Fragen der Weiterbildung.

1. Aufnahme von Manuskripten

Zur Veröffentlichung angenommen werden nur druckreife, noch nicht anderweitig publizierte Beiträge in deutscher, englischer oder russischer Sprache zum Themenbereich der Zeitschrift und zwar

Originalarbeiten
Kurze Originalmitteilungen
Aus der Praxis
Zusammenfassende Berichte
Tagungsberichte
Informationen.

Sind der Beitrag oder Teile daraus bereits veröffentlicht oder ist eine anderweitige Veröffentlichung vorgesehen, so muß dies der Redaktion mit genauer Angabe der Zweitveröffentlichung mitgeteilt werden. Mit der Annahme des Manuskriptes behält sich der Verlag das Recht der Vervielfältigung, Verbreitung und Übersetzung innerhalb der gesetzlichen Schutzfrist vor. Auszugsweiser Nachdruck oder photomechanische u. a. Wiedergabe sind an eine zugsweiser Nachdruck oder photomechanische u. a. Wiedergabe sind an eine schriftliche Genehmigung des Verlages gebunden. Manuskripte, Zeichnungen und Photos von veröffentlichten Arbeiten werden nur auf den besonderen und bis zum Zeitpunkt der Veröffentlichung mitgeteilten Wunsch des Autors zurückgesandt.

Bei der unverlangten Einreichung von Manuskripten wird empfohlen, eine Befürwortung eines der Herausgeber oder Redaktionsausschußmitglieder beizufügen.

Manuskripte sind einzureichen bei der Redaktion, 1086 Berlin, Leipziger Str. 3–4

2. Form der Manuskripte

Die Autoren werden gebeten:

2 Manuskripte, eines davon in Original-Maschinenschrift, einseitig und mit 2zeiligem Abstand einzureichen; gut leserliche Photokopien sind zulässig; auf dem 1. Blatt (unter Weglassung der Bezeichnung)

den Titel der Arbeit
Vorname-Initialen und Namen sämtlicher Autoren
gegebenenfalls die Institution, in der sie tätig sind
eine kurze Zusammenfassung der Arbeit von höchstens 15 Zeilen
Keywords in alphabetischer Reihenfolge und
als Fußnote die Anschrift der Institution anzugeben;

wenn möglich, auf gesonderten Blättern Namen, Titel der Arbeit und Zusammenfassung in den beiden anderen obengenannten Sprachen 2fach beizufügen;

Literaturhinweise (fortlaufend numeriert), Fußnoten, Tabellen, Abbildungen (in 2–3facher Veröffentlichungsgröße), Abbildungsunterschriften (getrennt von den Abbildungen, mit Zeichenerklärungen, Quellenangaben, falls erforderlich, und gegebenenfalls mit einem Vermerk für besondere Wünsche bezüglich der Abbildungsgröße), private und Dienstanschrift der Verfasser mit akademischen Titeln und ausgeschriebenen Vornamen uaf besonderen Blättern ans Ende des Manuskriptes zu stellen;

Wünsche für den Kolumnentitel (Seitenüberschrift) bekanntzugeben;
Absätze durch Einzüge von mindestens 3 Anschlägen kenntlich zu machen;
die Maßeinheiten des SI-Systems ("Systeme International") zu verwenden;
Korrekturen im Manuskript unmittelbar an der zu korrigierenden Stelle anzubringen;

Formeln deutlich lesbar und möglichst groß einzutragen;
Farbabbildungen und nachträgliche Änderungen oder Ergänzungen in Abbildungen zu vermeiden;

hervorzuhebende Textstellen zu unterstreichen, und zwar halbfetten Satz mit einer geraden schwarzen Linie, kursiven Satz (Schrägschrift) mit einer blauen Wellenlinie (alle Eigennamen). Sperrungen gestrichelt;
besondere Buchstaben durch farbige Unterstreichung zu kennzeichnen, und zwar Formelzeichen in

Griechisch-Kursiv (α, β, ...) rot,
Kursiv (A, B, ...) blau
halbfetter Kursiv ($\boldsymbol{A}$, $\boldsymbol{B}$, ...) 2 Linien blau (Vektoren),
halbfetter Grotesk ($\mathbf{A}$, $\mathbf{B}$, ...) 2 Linien violett (Tensoren);

bei Literaturangaben auf Vollständigkeit zu achten. In nachstehender Reihenfolge müssen angegeben sein:

a) bei *Zeitschriften*: Vorname-Initialen und Namen sämtlicher Autoren, Titel der Zeitschrift (nach „Periodica Chimica" oder möglichst wenig gekürzt), Bandnummer (unterstrichen), Jahreszahl (in Klammern), Heftnummer (nur bei Zeitschriften, die jedes Heft mit S. 1 beginnen) sowie die Seitenzahl, auf der die zitierte Arbeit beginnt.

b) Bei *Büchern*: Initialen der Vornamen und Name des Autors (Herausgeber werden durch den Zusatz „ed." gekennzeichnet), voll ausgeschriebener Titel des Buches in der Originalsprache, evtl. Bandnummer, voll ausgeschriebener Name des Verlages, Nummer der Auflage (außer der ersten), Erscheinungsort(e), Erscheinungsjahr (hier nicht in Klammern setzen!) und evtl. Kapitelnummer, Seitenzahl u. ä.

c) bei *Sammelbänden, Tagungsberichten*: Es soll zusätzlich der Titel des zitierten Beitrags angegeben werden. Die Seitenzahl muß unbedingt angegeben werden. Aus dem Zitat muß hervorgehen, ob es sich um einen Tagungssammelband oder um einen noch nicht veröffentlichten Vortrag handelt. Zwischen Tagungsort und Erscheinungsort des entsprechenden Tagungsberichts ist zu unterscheiden.

3. Korrekturen

Der Autor erhält zwei Umbruchabzüge, von denen einer möglichst schnell korrigiert an die Redaktion zurückgereicht werden soll. Auf Wunsch des Autors kann die Korrektur auch von der Redaktion gelesen werden.

Durch nachträgliche Manuskriptänderungen verursachte Korrekturkosten gehen, sofern sie 10% der Satzkosten übersteigen, zu Lasten des Autors.

Der Autor erhält 50 Sonderdrucke kostenlos. Weitere Sonderdrucke können bis zur Rückgabe der Korrekturabzüge auf Kosten des Autors bei der Redaktion bestellt werden.

Bezugsmöglichkeiten

Bestellungen sind zu richten

- in der DDR an den Postzeitungsvertrieb unter Angabe der Kundennummer des Bestellenden oder an den AKADEMIE-VERLAG, DDR-1086 Berlin, Leipziger Straße 3–4, PF-Nr. 1233
  im sozialistischen Ausland an eine Buchhandlung für fremdsprachige Literatur oder an den zuständigen Postzeitungsvertrieb
- in der BRD und Berlin(West) an eine Buchhandlung oder an die Auslieferungsstelle KUNST UND WISSEN, Erich Bieber OHG, D-7000 Stuttgart 1, Wilhelmstraße 4–6
- in den übrigen westeuropäischen Ländern an eine Buchhandlung oder an die Auslieferungsstelle KUNST UND WISSEN, Erich Bieber GmbH, CH-8008 Zürich, Dufourstraße 51
- im übrigen Ausland an den Internationalen Buch- und Zeitschriftenhandel; den Buchexport, Volkseigener Außenhandelsbetrieb der Deutschen Demokratischen Republik, DDR-7010 Leipzig, Postfach 160; oder an den AKADEMIE-VERLAG, DDR-1086 Berlin, Leipziger Straße 3–4

Zeitschrift „Isotopenpraxis"

Herausgeber: Im Auftrag des Akademie-Verlages herausgegeben von Prof. Dr. Justus Mühlenpfordt
Verlag: Akademie-Verlag, DDR-1086 Berlin, Leipziger Straße 3–4, PF-Nr. 1233; Fernruf: 2236221 oder 2236229; Telex-Nr.: 114420;
Bank: Staatsbank der DDR, Berlin, Kto.-Nr.: 6836-26-20712
Verantwortlich für den Inhalt des Heftes: Prof. Dr. H. Hübner, Leipzig
Anschrift der Redaktion (Fernruf Frau H. Schier: 6351177) der Zeitschrift Isotopenpraxis: Akademie-Verlag, DDR-1086 Berlin, Leipziger Str. 3–4, PF-Nr. 1233
Veröffentlicht unter der Lizenznummer 1527 des Presseamtes beim Vorsitzenden des Ministerrates der Deutschen Demokratischen Republik
Gesamtherstellung: VEB Druckerei „Thomas Müntzer", DDR-5820 Bad Langensalza
Erscheinungsweise: Die Zeitschrift „Isotopenpraxis" erscheint monatlich. Die 12 Hefte eines Jahrganges bilden einen Band. Bezugspreis je Band 180,– M zuzüglich Versandspesen (Preis für die DDR 108,– M) Preis je Heft 15,– (Preis für die DDR 9,– M)
Bestellnummer dieses Heftes: 1079/18/8

AN (EDV) 12831

ISOTOPENPRAXIS

Band 18 (1982) Heft 8, S. 273–312

Redaktion und Verlag: Akademie-Verlag, Redaktion Isotopenpraxis, 1086 Berlin, Leipziger Straße 3–4

Inhaltsverzeichnis

Contents

in Lösung, die vorher durch Analyse der *Raman*-Daten erzielt wurden, wurde der Einstufen-Trennfaktor als Funktion der Konzentration der Uranylacetatlösung ermittelt. Es wurde festgestellt, daß der Einstufen-Trennfaktor bei Anwachsen der Uranylacetat-Konzentration in der Lösung kleiner wird.

tration of uranyl acetate solution on the basis of the results described above and the reduced partition function ratios for uranyl acetate species in solution obtained previously by the analysis of *Raman* data. It was found that the single-stage separation factor decreases with the increase of the uranyl acetate concentration in solution.

W. M. Wezko, O. A. Dewdariani, E. W. Lewin, G. A Sulaberidse, G. L. Parzachaschwili

Modellierung von Übergangsprozessen in Kaskadenanlagen für die Trennung von Mehrstoffgemischen stabiler Isotope (*in Russisch*)

Isotopenpraxis 18 (1982) H. 8, S. 288 bis 293
6 Abb., – Tab., 11 Lit.

Es werden ein Gleichungssystem und die Beschreibung von Algorithmen für die digitale EDV-Modellierung von Übergangsprozessen in Anlagen mit Phasenumwandlungseinrichtungen für die Trennung von Mehrkomponenten-Isotopengemischen dargelegt. Verschiedene Übergangsbetriebszustände der Kaskaden werden analysiert.

V. M. Vetsko, O. A. Devdaryani, E. V. Levine, G. A. Soulaberidse, G. L. Pardsakhashvili

Modelling Transition Processes in Cascade Systems for the Separation of Multicomponent Isotope Mixtures (*in Russian*)

Isotopenpraxis 18 (1982) No. 8, p. 288 to 293
6 Fig., – Tab., 11 Ref.

A system of equations is presented together with the description of algorithms for digital computer modelling of transition processes in cascade systems with phase-inverting appliances used for the separation of multicomponent isotope mixtures. Various transitional modes of operation of the cascade are analyzed.

R. Goda, Y. Sakuma, Y. Fujii, M. Okamoto

Fraktionierung von Uranisotopen bei der Anionenaustausch-Chromatographie unter Verwendung von Uranylacetat und Uranylcitratkomplexen (*in Englisch*)

Isotopenpraxis 18 (1982) H. 8, S. 293 bis 295
3 Abb., 1 Tab., 7 Lit.

Eine ideale chromatographische Verschiebungsmigration von Uran wurde an einer Anionenaustauschsäule unter Verwendung von Uranylacetat bzw. Uranylcitratkomplexen erzielt. Die bei der Anionenaustausch-Chromatographie aufgetretene Fraktionierung von Uranisotopen wurde mit Hilfe der Isotopenanalyse gemessen. Es bestätigte sich, daß die Richtung der Isotopenanreicherung die gleiche war, wie sie bei Kationenaustausch-Chromatographien beobachtet wurde. Die Größenordnungen des erzielten Isotopieeffekts wurde durch Vergleich mit denen, die bei Kationenaustausch-Chromatographie-Prozessen erreicht wurden, erörtert.

R. Goda, Y. Sakuma, Y. Fujii, M. Okamoto

Uranium Isotope Fractionation Occurred in Anion Exchange Chromatography Using Uranyl Acetate and Uranyl Citrate Complexes (*in English*)

Isotopenpraxis 18 (1982) No. 8, p. 293 to 295
3 Fig., 1 Tab., 7 Ref.

An ideal displacement chromatographic migration of uranium has been accomplished on an anion exchange resin column using uranyl acetate und uranyl citrate complex formations, respectively. Uranium isotope fractionation occurred in the anion exchange chromatography was measured by isotopic analysis and the direction of isotope enrichment was confirmed to be same as the direction observed in cation exchange chromatographies. The magnitudes of the isotope effect obtained were discussed by comparison with those obtained by cation exchange chromatographic processes.

K. Farjo

„Mischung stabiler Isotope" — Vorschlag für die Analyse stabiler Isotope nach einem Verfahren, das der Isotopenverdünnungsanalyse ähnelt. Teil III. Ergänzende theoretische Behandlung (*in Englisch*)

Isotopenpraxis 18 (1982) H. 8, S. 296 bis 299
– Abb., – Tab., 2 Lit.

In der vorliegenden Arbeit werden einige potentielle Gebiete der Anwendung des Verfahrens der Mischung stabiler Isotope kurz diskutiert. Bei diesen Gebieten handelt es sich u. a. um die Analyse stabiler Isotope von Stoffen unabhängig von ihrer Reinheit, um die Bestimmung der in einem Mehrstoffsystem enthaltenen Menge eines Stoffes, um die Ermittlung der Reinheit von Materialien, um die Trennung des zu untersuchenden Stoffes zur Analyse stabiler Isotope und um die Analyse praktisch unwägbarer Mengen von Stoffen. Weiterhin erstreckt sich das Verfahren auf die Bestimmung des Molekulargewichts, auf die Elementaranalyse, auf die Untersuchung der Molekularformel sowie auf die Bestimmung des Atomgewichts der Isotope. Die Anwendung des Isotopenmischungsverfahrens auf radioaktive Isotope wird vorgeschlagen. Es werden die entsprechenden Formeln für mehrere Anwendungsgebiete abgeleitet. Das vorgeschlagene Verfahren wird kurz im Hinblick auf die erwartete Genauigkeit erörtert.

K. Farjo

"Stable Isotope Mixing" — a Proposal to Analyze Stable Isotopes Using a Technique Similar to the Isotope Dilution Analysis
Part III. Supplementary Theoretical Treatment (*in English*)

Isotopenpraxis 18 (1982) No. 8, p. 296 to 299
– Fig., – Tab., 2 Ref.

In this work some potential fields of application of the stable isotope mixing are discussed briefly including; the stable isotope analysis of materials irrespective of their purity, the determination of a quantity of a material contained in a multi-material system; the purity determination of materials; the separation of the substance to be analyzed for the purpose of the stable isotope analysis and the analysis of practically unweighable amounts of substances. Moreover the utilization of the stable isotope mixing for the formula weight determination; elemental analysis, molecular formula investigation and the determination of the isotope atomic weight are discussed and the application of the isotope mixing for radioactive isotopes is proposed. Related formulae for several applications are derived and a brief discussion of the proposed technique according to the expected precision is presented.

S. Riedel

Verfahren zur optischen Darstellung der Impulshöhenverteilung in Fenstern von Einkanalanalysatoren

Isotopenpraxis 18 (1982) H. 8, S. 299 bis 303
6 Abb., – Tab., – Lit.

Durch Anwendung der Koinzidenztechnik, in Verbindung mit einem Einkanalanalysator (SCA — singl channel analyzer), kann der Inhalt des SCA-Fensters in seiner Impulshöhenverteilung aus dem Gesamtspektrum selektiert und optisch dargestellt werden. Eine solche Darstellung ausgeblendeter, wählbarer Spektrenbereiche, (Einzellinien,

S. Riedel

Techniques of Optical Display of Pulse Height Distribution in Windows of Single-Channel Analyzers

Isotopenpraxis 18 (1982) No. 8, p. 299 to 303
6 Fig., – Tab., – Ref.

The coincidence technique is used together with a single-channel analyzer (SCA) in order to both select and optically display the coverage of the SCA window with regard to its pulse-height distribution proceeding from the gamma spectrum. Such display of optional stopped-out spectral ranges (single lines, partial spectra, peak slopes etc.) render possible

Zur Datierung von Niedermooren mittels Radiokohlenstoff

R. Trettin, A. Hiller

(Zentralinstitut für Isotopen- und Strahlenforschung der Akademie der Wissenschaften der DDR, Leipzig)[1])

G. Mundel

(Institut für Futterproduktion der Akademie der Landwirtschaftswissenschaften der DDR, Paulinenaue)[2])

Aufgrund komplizierter Bildungsbedingungen gelten Niedermoore im allgemeinen als schlecht datierbar. Im Zusammenhang mit der Untersuchung eines Torfprofils aus dem Havelländischen Luch werden die wichtigsten Faktoren, die die Radiokohlenstoffkonzentration beeinflussen und die geordnete Altersabfolge stören können, umrissen. Besondere Bedeutung kommt bei Niedermooren der Interpretation des zur Messung gelangenden Probenmaterials zu.

Keywords

carbon 14, isotope dating, peat

1. Einführung

Niedermoore entstehen durch Ablagerung und Konservierung vorwiegend pflanzlicher Substanz unterhalb der Wasseroberfläche ruhender Binnengewässer. Im Gegensatz zu Hochmooren, die durch Niederschläge versorgt werden und im wesentlichen Sphagnen (Torfmoose) und andere niedere Pflanzen als Lieferanten für die akkumulierte organische Substanz besitzen, sind die Bildungsbedingungen für Niedermoore weitaus komplizierter. Insbesondere betrifft das klimatische, geomorphologische und in den letzten Jahrhunderten anthropogene Einflüsse, die letztlich sowohl für das Wasserstandsregime über der obersten Ablagerungsschicht als auch für die im Moor dominierend siedelnden Pflanzengesellschaften verantwortlich zu machen sind. Andererseits gibt die Untersuchung von Niedermoortiefenprofilen aber auch die Möglichkeit, die das Moorwachstum regulierenden Faktoren als Merkmale der Umweltentwicklung zu studieren. Solche Informationen sind dann zu erwarten, wenn innerhalb des Torfprofils eine reguläre Schichtung existiert. In Niedermooren kann von einer idealen Stratigraphie nicht ausgegangen werden. Eine solche Schichtung wäre gegeben, wenn das Material einer dünnen Probenschicht an einer beliebigen Position x_0 im Profil autochthon bzw. altersmäßig homogen ist. In diesem Falle wäre automatisch $\frac{dx(T)}{dT} \Delta T$ die Mengenfraktion der Komponente mit dem Alter $T \cdots T + \Delta T$ im Gesamtprofil. Tatsächlich ist jedoch davon auszugehen, daß das Material innerhalb einer Probenschicht altersmäßig inhomogen ist. Das ist nicht nur eine Folge der für die Analyse benötigten endlich dicken Probenschicht, sondern vielmehr Ausdruck des Wirkens verschiedenster Mischungs- und Umschichtungsvorgänge im abgelagerten Material bzw. bei der Ablagerung (Setzungsprozesse, Frosteinwirkung, Durchwühlung — Bodenfauna, Regenwürmer! —, Durchwurzelung, Huminsäuremigration usw.) sowie der Struktur der abgelagerten Pflanzensubstanz.

Obwohl man sich bemüht, vor der Analyse alle Grobbestandteile und später eingewachsene Rhizome bzw. Wurzeln zu entfernen, kann mit einer vollständigen Auslese doch nicht gerechnet werden [1]. Insgesamt wird die Abschätzung des Einflusses von Mischungsprozessen zu einem wesentlichen Bestandteil von Torfdatierungen. In der Literatur stößt man mitunter sogar auf Zweifel, ob Niedermoore überhaupt sinnvoll datiert werden können. Man kann jedoch die Zuverlässigkeit der erhaltenen Ergebnisse wesentlich stützen, wenn man sie im Komplex mit den stratigraphischen, morphologischen und moorkundlichen Gegebenheiten diskutiert und sich Klarheit über die Natur des untersuchten Probenmaterials verschafft. Für die zeitliche Bewertung von Torfen stehen in erster Linie die Pollenanalyse (indirektes Verfahren) und die Radiokohlenstoffdatierung zur Verfügung. Im Nachfolgenden wird nur auf die ^{14}C-Altersbestimmung eingegangen. Als Beispiel wird das ^{14}C-Profil eines typischen Niedermoores im Havelländischen Luch wiedergegeben.

2. Das radiometrische Alter T_r

Die Radiokohlenstoffmethode liefert grundsätzlich Ergebnisse der Form

$$T_r = -8033 \ln \frac{A(p)}{A(s)} \text{ [Jahre BP]} \quad (1)$$

Dabei ist A(p) die auf δ^{13}C-Variationen korrigierte spezifische ^{14}C-Aktivität der Probe und A(s) die auf δ^{13}C und *Suess*-Effekt korrigierte spezifische Aktivität eines Rezentstandardmaterials. Die Zerfallskonstante $1/\lambda_L = 8033$ a nach *Libby* gilt per Konvention und wird bei absoluten Zeitangaben über die Dendrokorrektur (Variation der ^{14}C-Konzentration des atmosphärischen CO_2 in der Vergangenheit in Relation zum allgemeinverbindlichen Referenzmaterial) mit berücksichtigt.

Bei der Datierung von Torfen hat man sich mit zwei Fragenkomplexen besonders auseinanderzusetzen.

— Wie war die ^{14}C-Anfangskonzentration im jeweils abgelagerten und nachfolgend vertorften Material?
— Was bedeutet A(p)?

Anschriften: [1]) 7050 Leipzig, Permoserstr. 15; [2]) 1551 Paulinenaue

2.1. *^{14}C-Anfangskonzentration*

Wie bereits bemerkt, sind Niedermoortorfe mit hoher Wahrscheinlichkeit inhomogen. Damit wird eine Dendrokorrektur nicht mehr möglich. Der Einfluß des schwankenden ^{14}C-Pegels auf den Verlauf eines gemessenen T_r-Tiefenprofils läßt sich jedoch für holozäne Torfe anhand der heute bis etwa 8000 Jahre BP vorliegenden Korrekturtabellen oder -kurven nach oben hin abschätzen [2, 3]. Für diesen Zeitraum sind die Meßwerte innerhalb +800 bis −100 Jahre richtig, wobei im konkreten Fall meist noch eine genauere Abschätzung möglich ist.

Eine zweite Quelle für die Veränderung des ^{14}C-Anfangswertes besteht im sogenannten Hartwassereffekt. Dieser trägt der Möglichkeit Rechnung, daß ^{14}C-freies carbonathaltiges Kontaktmaterial durch CO_2-Zufuhr in Lösung geht, von entsprechenden Wasserpflanzen (z. B. Algen) assimiliert und dadurch (vorwiegend im Muddenstadium) in die abgelagerte Substanz eingebaut werden kann.

$$^{14}CO_2 + Ca^{12}CO_3 + H_2O \rightleftharpoons Ca^{++} + H^{14}CO_3' + H^{12}CO_3'$$

Die Größe dieses Effektes kann anhand eines für mitteleuropäische Seen bzw. junge Grundwässer typischen mittleren Rezentwertes von 85% mod. [4] auf etwa +1300 Jahre abgeschätzt werden. Bei den flachen und bevorzugt sauren Mooren des Havellandes sowie aufgrund des Fehlens jeglicher Kalkablagerungen im untersuchten Moor sollte dieser Effekt hier wesentlich kleiner sein. Das wird auch durch die niedrigen δ^{13}C-Werte (Abb. 5) unterstrichen. Grundsätzlich kommt auch der Bombeneffekt für eine Beeinflussung der ^{14}C-Aktivität in den obersten Stockwerken in Frage. Er sollte vorwiegend dort ins Gewicht fallen, wo durch intensive landwirtschaftliche Bewirtschaftung des Bodens der Kreislauf des Kohlenstoffs beschleunigt abläuft.

2.2. *Radiometrische Interpretation des Probenmaterials*

Die Probennahme erfolgt in der Regel aus ausgewählten Schichten des Moorprofils, wobei zur Erhöhung der Repräsentanz der Probe über mehrere Probennahmepunkte einer horizontalen Schicht gemittelt werden sollte.

Die Aktivität einer Probe, die der Tiefenposition x_0 entnommen wurde, läßt sich allgemein schreiben

$$A(\mathrm{p}) = \frac{\int g(T, x_0)\, A(T)\, \mathrm{d}T}{\int g(T, x_0)\, \mathrm{d}T} \qquad (2)$$

T beschreibt den Zeitpunkt der Einlagerung von Material, das mit der Häufigkeit $g(T, x_0)$ in der Probe vertreten ist. Dieser Sachverhalt ist in Abb. 1 veranschaulicht.

Die Punkthäufigkeit soll ein Maß für die Größe von $g(T, x)$ sein. Die Datierbarkeit bzw. die Schichtung wird um so besser, je schneller $g(T, x)$ von T_M nach beiden Seiten abfällt. T_M korrespondiert mit dem Maximum der Häufigkeitsverteilung.

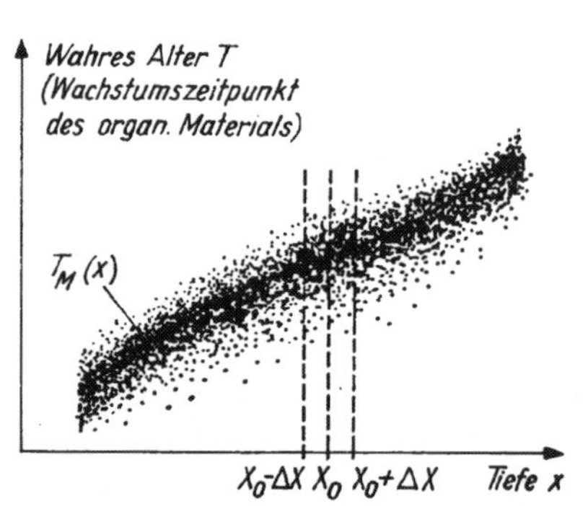

Abb. 1. Altersmäßige Verteilung des organischen Materials in einem Torfprofil

Für die Form von $g(T, x)$ sind vorrangig drei Prozesse wichtig.

a) Mischungsprozesse: Nimmt man zur Illustration an, daß die oberste Schicht des wachsenden Profils bis zu einer Tiefe d immer gut durchmischt ist, in größeren Tiefen hingegen keine Mischung mehr stattfindet, so kann jeweils rezentes Material nur in eine Tiefe von d, aber anschließend — mit exponentiell sinkender Wahrscheinlichkeit — in alle später gebildeten Schichten eingebracht werden.

Ist μ die Zuführungsrate an Material (g/cm² · Jahr), λ die Zerfallskonstante und α die Wachstumsgeschwindigkeit ($\alpha \leqq \mu$), so erhält man für die relative Aktivität der gemischten Schicht d weitab vom Zeitpunkt des Moorbildungsbeginns

$$\frac{A(\mathrm{d})}{A(\mathrm{s})} = \frac{\mu}{\mu + \lambda d} \qquad (3)$$

Vergleicht man dieses Ergebnis mit der Wachstumszeit $\frac{d}{\alpha}$ der obersten Schicht d, so ergibt die radiometrische Messung des Alters einer dünnen Probenschicht der Tiefe d eine Abweichung gemäß einer Verjüngung um

$$\frac{d}{\alpha} + \frac{1}{\lambda} \ln \frac{\mu}{\mu + \lambda d}$$

Aufgrund der oftmals gut erhaltenen Struktur des Torfmaterials ist eine derartige Durchmischung unwahrscheinlich. Das zeigen auch die im vorliegenden Fall gefundenen bänderartigen Sandeinlagerungen.

b) Den umgekehrten Verlauf von $g(T, x)$ erhält man, wenn angenommen wird, daß die Beweglichkeit jüngeren Materials größer ist als die der älteren bzw. früher abgelagerten organischen Stoffe.

So können Wurzeln bis in große Tiefen in das Moor eindringen. Wie aus Tracerversuchen bekannt ist, wird ein Teil der Wurzeln bereits während des Wachstumsprozesses abgestoßen und im Boden humifiziert. Das unterstreicht die Rolle der Kontamination mit Wurzelsubstanz [5]. Für diesen Fall erhält man eine Verteilung gemäß Abb. 2a.

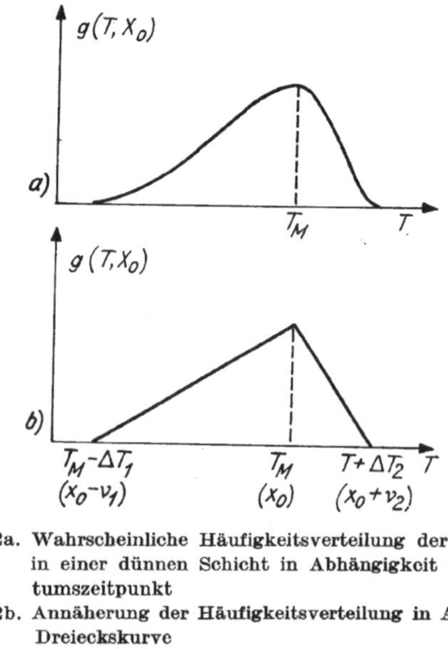

Abb. 2a. Wahrscheinliche Häufigkeitsverteilung der Torfkomponenten in einer dünnen Schicht in Abhängigkeit von deren Wachstumszeitpunkt

Abb. 2b. Annäherung der Häufigkeitsverteilung in Abb. 2a durch eine Dreieckskurve

Weiterhin sollte T_M in guter Näherung das Material charakterisieren, das bei Erreichen der Profillage x_0 gerade abgelagert wurde, (wenn man von späteren Setzungsprozessen absieht).

Dieser Fall wird für die Torfuntersuchungen für wahrscheinlich gehalten. Zur Abschätzung des Effektes auf das gemessene Alter in Relation zu T_M wurde $g(T, x_0)$ durch eine Dreieckskurve (Abb. 2b) genähert. Für konstante Wachstumsgeschwindigkeiten α und $\Delta x \to 0$ läßt sich schreiben (es gelte $A(T) = A(s) =$ konst.)

$$A(x) = \frac{A(\mathrm{s}) \cdot \left\{ \int\limits_{x}^{x+\nu_2} (x + \nu_2 - \nu)\, e^{\beta\nu} \mathrm{d}\nu + \int\limits_{x-\nu_1}^{x} (\nu - x + \nu_1)\, e^{\beta\nu} \mathrm{d}\nu \right\}}{\int\limits_{x}^{x+\nu_2} (x + \nu_2 - \nu)\, \mathrm{d}\nu + \int\limits_{x-\nu_1}^{x} (\nu - x + \nu_1)\, \mathrm{d}\nu} \tag{4}$$

Dabei wurde gesetzt $\Delta T_1 = \frac{\nu_1}{\alpha}$, $T_2 = \frac{\nu_2}{\alpha}$, $\beta = -\frac{\ln 2}{\alpha \cdot T_{1/2}}$ ($T_{1/2} = 5730$ a).

ν_1 und ν_2 beschreiben damit den Tiefenbereich des Moorprofils, aus dem jüngeres (ν_1) bzw. älteres (ν_2) Material zur Bildung der Schicht x beigetragen haben soll.

Die Ausrechnung ergibt

$$A(\mathrm{x}) = A(\mathrm{s}) \frac{2e^{\beta x}}{\beta^2(\nu_1^2 + \nu_2^2)} (e^{-\beta\nu_1} + e^{\beta\nu_2} - 2 - \beta\nu_2 + \beta\nu_1)$$

$$= A(\mathrm{s}) \cdot Q(x, \nu_1, \nu_2, \alpha) \tag{5}$$

Für eine Probennahmeschichtdicke 2 Δx ergibt sich

$$A(x_0 \pm \Delta x) = \frac{A(\mathrm{s})}{2\Delta x} \int\limits_{x_0-\Delta x}^{x_0+\Delta x} Q(x, \nu_1, \nu_2, \alpha)\, \mathrm{d}x \tag{6}$$

wobei letztlich auch ν_1, ν_2 und α Funktionen von x sein können.

In Abb. 3 wurde das Ergebnis der Rechnung in der Form $\frac{x_0}{\alpha} + 8267 \ln \frac{A(x_0 \pm \Delta x)}{A(\mathrm{s})} \approx T_M - T_r$ (5730 a) in Abhängigkeit von ν_1 bei vorgegebenen $\frac{\nu_1}{\nu_2}$ — und α-Werten graphisch dargestellt. Die Rechnung zeigt darüber hinaus, daß für $|\beta \cdot \Delta x| \ll 1$ der Einfluß der Probennahmeschichtdicke zu vernachlässigen ist. Das ist im untersuchten Profil immer erfüllt.

c) Eine weitere Quelle für die Verlagerung von Substanz ist in der Migrationsfähigkeit von Huminsäuren gegeben [6]. Huminsäuren können beispielsweise durch Grundwasserbewegungen aus der Entstehungsschicht ausgewaschen werden und, wie aus Bodenuntersuchungen bekannt ist, in beträchtliche Tiefen verfrachtet werden. Eine nennenswerte Löslichkeit für Huminsäuren ist vor allem im alkalischen Milieu zu erwarten. Eine Aussage über die zu erwartende Huminsäureverteilung im Profil ist schwierig. Es wird deshalb von vielen Labors eine getrennte Datierung der alkalilöslichen und säureunlöslichen Huminsäurefraktion und des säure- und laugenunlöslichen Gerüsts (Humine/Lignin) vorgenommen. Beide Datierungen sollen im Rahmen der insgesamt zu erwartenden Effekte eine vernünftige Übereinstimmung in T_r liefern.

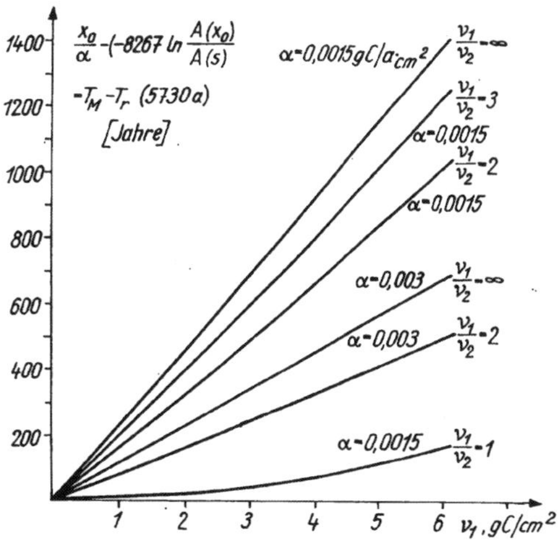

Abb. 3. Abweichung des radiometrischen Alters einer Probe mit einer Zusammensetzung nach Abb. 2b von T_M unter der Voraussetzung $T_M(x_0) = \frac{x_0}{\alpha}$ und mit $1/\lambda = 8267$ a

Im ausgewählten Moorprofil liegen leicht in den sauren Bereich verschobene Verhältnisse vor, wodurch von einer stark eingeschränkten Huminsäurebeweglichkeit ausgegangen werden kann.

Neben diesen allgemeinen Erwägungen sind in jedem praktischen Fall spezielle Betrachtungen nötig, die die vorgefundene Situation berücksichtigen (z. B. Anzeichen für Trockenphasen, Vegetationswechsel, Humifizierungsgrad, Grundwasserschwankungsbereich usw.).

3. Ergebnisse der ^{14}C-Datierung eines ausgewählten Niedermoores

In der Nähe von Paulinenaue wurde ein Profil der für diese Region typischen Mächtigkeit von ca. 2 m gegraben. Aus den über drei Probennahmepunkte gemittelten Proben wurden eingelagerte Grobreste und jüngeres Wurzelmaterial ausgelesen. Die Proben wurden zunächst einer Behandlung mit verdünnter Salzsäure unterzogen und in die bereits erwähnten Fraktionen zerlegt. Näheres zur Probenchemie und den moorkundlichen Gegebenheiten findet sich in [7]. Die Proben wurden nach *de Vries* verbrannt, über Lithiumcarbid und Acetylen in Benzen übergeführt und mittels Flüssigkeitszintillationszählung gegen Holz von 1850 und ANU-Sucrose als Standards vermessen. Die Einsatzmenge an Kohlenstoff im Benzen lag zwischen 2 und 3,5 g.

Der ermittelte Kurvenverlauf T_r (Tiefe) in Abb. 4 weist aus, daß alle drei Probenfraktionen der gleichen Grundkurve folgen und in vernünftigem Maße altersmäßig übereinstimmen. Das ausgewählte Niedermoor ist damit sinnvoll datierbar. Der gemessene Kurvenverlauf legt die Annahme unterschiedlicher Akkumulationsraten etwa vor und nach 8500 Jahren BP nahe. Dieser Grundverlauf wird auch durch Umrechnung der Tiefe in Kohlenstoffäquivalent und Abschätzung der möglichen Effekte nicht nennenswert linearisiert. Da sich bei etwa 40 bis 70 cm Tiefe ein Vererdungshorizont erkennen läßt und hier die höchste Konzentration an Grobresten gefunden wurde, ist anzunehmen, daß eine Phase relativer Trockenheit, bevor ca. 4000 a BP, die Torfakkumulation bis in Schichten um 75 cm Tiefe (ca. 9000 a) gestört hat. Im oberen Profilbereich kann die anthropogene Beeinflussung infolge der Melioration seit dem 18. Jh. zusätzlich zur Mineralisation beigetragen haben. Eine besondere Mineralisation des

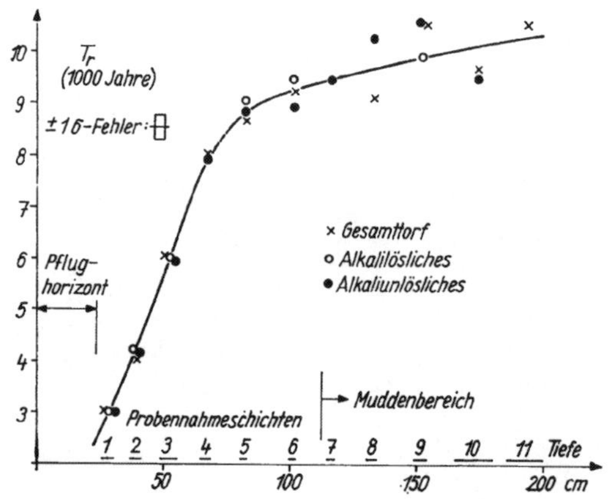

Abb. 4. Nach Gl. (1) ermitteltes radiometrisches Alter eines ausgewählten Niedermoortorfprofils in Abhängigkeit von der Probennahmetiefe

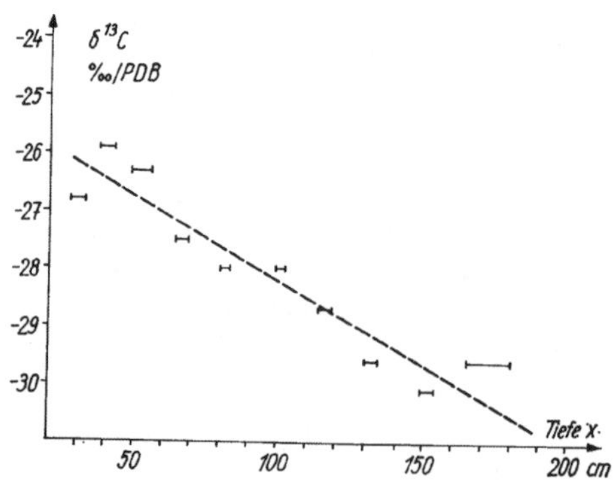

Abb. 5. $\delta^{13}C$-Werte für den Gesamttorf. Die Herstellung des verwendeten CO_2 erfolgte nach einem Bombenverfahren

Moorkörpers infolge der landwirtschaftlichen Nutzung (Grünland) war jedoch nicht nachzuweisen. Mit wachsendem Alter nimmt die Streubreite der T_r-Werte erheblich zu. Das deutet auf die altersmäßige Inhomogenität des Torfes im Muddenbereich hin. Teilweise konnten in diesem Profilbereich auch Spuren von Dauerfrost festgestellt werden. Der Akkumulationsbeginn für das untersuchte Profil muß mit etwa 10500 bis 11000 Jahren BP angenommen werden.

Abb. 5 zeigt die Ergebnisse der $\delta^{13}C$-Bestimmungen für die lediglich mit Salzsäure behandelte Ausgangssubstanz (Gesamttorf). Vermutlich ist der Trend in Abhängigkeit von der Tiefe auf die Überlagerung verschiedener Einzeleffekte zurückzuführen.

Eingegangen am 17. 12. 1981

Literatur

[1] *M. A. Geyh, J. H. Benzler, G. Roeschmann*, in: *D. H. Yaalon*: Paleopedology-Origin, Nature and Dating of Paleosols, 63–75; Israel University Press Jerusalem 1971

[2] *H. E. Suess*, Bild der Wissenschaft 6 (1969) 121

[3] *P. E. Damon, A. Long, E. I. Wallick*, Proc. of 8th Int. Conf. on Radiocarbon-dating, Wellington 1972, A28–A43

[4] *K. O. Münnich, J. C. Vogel*, Naturwissenschaften 46 (1959) 168

[5] *D. R. Sauerbeck, B. G. Johnen*, "Soil organic matter studies, I.', Proc. of a Symp. Braunschweig 1976, 141 (IAEA-SM-211/16)' IAEA, Vienna 1977

[6] *M. Gilet-Blein, G. Marien, J. Evin*, Radiocarbon 22 (1980) 919

[7] *A. Hiller, R. Trettin, G. Mundel*, in Vorbereitung

Untersuchungen zur Mischeffektivität von Innenmischern mit Hilfe von Radionukliden

H.-G. Könnecke, P. Kulicke, E. Antal

(Zentralinstitut für Isotopen- u. Strahlenforschung der AdW der DDR, Leipzig)[1]

J. Jentsch, H. Michael

(Technische Hochschule Karl-Marx-Stadt, Sektion Verarbeitungstechnik)[2]

Durch Selektivmarkierung der Füllstoff-Phase im System Rohlatex/Füllstoff/Gleitmittel mit ^{99m}Tc wurde unter Anwendung der Meßanordnung Szintillationssonden — Impulsdichtemesser — Linienschreiber die effektive Mischzeit in einem Kneter in Abhängigkeit von der Drehzahl der Kneterwellen im Bereich bis 100 U/min bestimmt. Im Bereich von 40 bis 100 U/min ist die effektive Mischzeit bis zur Homogenität nahezu konstant. Die experimentelle Meßanordnung wird erläutert und der Zusammenhang zwischen der Meßgeometrie und Meßempfindlichkeit diskutiert.

Keywords

latex; rubbers; technetium 99m; tracer techniques

Das Mischen von Kautschuk mit Füllstoff und anderen Komponenten erfolgt in der Gummiindustrie größtenteils mit Innenmischern. Wegen der aufzubringenden Knetarbeit ist der Mischprozeß äußerst energieintensiv [1]. Die Qualität (d. h. z. B. die physikalischen Eigenschaften) sowohl der Mischung als auch des Gummiteils hängt von der Intensität und der Dauer des Mischvorganges ab. Daneben spielt in geringerem Maße auch die Lagerzeit der Mischung bis zu ihrer Vulkanisation eine Rolle. Eine wesentliche Energieeinsparung könnte dadurch erreicht werden, daß die Rotationsgeschwindigkeit v_r der Knetschaufeln des Innenmischers optimiert und die Mischzeit t_m minimiert wird.

Anschriften: [1]) 7050 Leipzig, Permoserstraße 15; [2]) 9000 Karl-Marx-Stadt, Reichenhainer Straße 70

Eine kontinuierliche Bestimmung des technologisch interessanten Zeitpunktes der Grobverteilung der Komponenten sowie der Homogenität ist mit Hilfe der Radiotracertechnik möglich [2]. Die experimentellen Arbeiten wurden in Zusammenarbeit mit der Technischen Hochschule Karl-Marx-Stadt, Sektion Verarbeitungstechnik, Applikationsgruppe Elaste, im Rahmen umfangreicher Forschungsarbeiten zur Prozeßanalyse des Kautschukmischens durchgeführt. Den Untersuchungen liegt folgendes Prinzip zugrunde: Ein Radionuklid wird auf einer systemkonformen Trägersubstanz zu Beginn des Mischvorganges punktförmig dem Mischgut zugegeben und die Intensität eines ausreichend kleinen Volumenelementes in Abhängigkeit von der Zeit registriert. Auf Grund theoretischer Überlegungen wird erwartet, daß die Intensität, die durch eine Sonde vor einem feststehenden Fenster (Blende) gemessen wird, nach anfänglichen Schwankungen beim Passieren des Mischgutes einen konstanten mittleren Wert erreicht. Dann ist die Aktivität im Mischgut homogen verteilt. Bei homogener Verteilung des Tracers, dessen Menge sehr klein gegen die Mischungskomponenten ist, darf auch die homogene Vermischung dieser Komponenten vorausgesetzt werden. Die Zeit vom Start bis zur Konstanz der Intensität wird als die Mischzeit angenommen, die notwendig und ausreichend ist, um eine vollständige Homogenität im untersuchten Volumenelement zu erreichen.

Versuchsbedingungen

Die Untersuchungen wurden am 50 kW-Laborinnenmischer GK 4N (*Werner* und *Pfleiderer*) der Technischen Hochschule Karl-Marx-Stadt durchgeführt, dessen Knetvolumen ca. 2500 cm³ beträgt. Die Rotationsgeschwindigkeit dieses Gerätes kann von 0 bis 100 min^{-1} kontinuierlich eingestellt werden. An die Meßanordnung wurden die folgenden Forderungen gestellt:

- Im Interesse der Genauigkeit der Homogenitätsbestimmung soll ein möglichst kleiner Anteil vom Mischungsvolumen erfaßt werden (bei vorliegenden Versuchen ca. 3% des Mischungsvolumens).
- Aus dem übrigen Volumen heraustretende Strahlung soll vollständig abgeschirmt werden.
- Es sollen gut definierte und reproduzierbare geometrische Verhältnisse auftreten.

Diese Forderungen werden bei der in Abb. 1 dargestellten Anordnung erfüllt.

Zur Markierung wurde das Radionuklid ^{99m}Tc mit 0,14 MeV γ-Energie und einer Halbwertszeit von $t_{1/2}$ 6,0 h einem Sterilgenerator (Rossendorf) entnommen und in das Knetvolumen gebracht. Für den Austritt der γ-Strahlung und die Anbringung der Meßsonden wurden zwei vorhandene seitlich angebrachte Kanäle genutzt, die der Aufnahme von Thermofühlern dienten. Diese Kanäle mit 20 mm Durchmesser wurden durch speziell angefertigte Hülsen verschlossen, deren Bodenfläche zum Mischgut aus 0,5 mm Stahlblech bestand. Durch dieses „Fenster“ kann die 0,14 MeV γ-Strahlung für die Messungen unwesentlich geschwächt austreten. Die durch die an diesen Kanälen angebrachten Sonden des Typs VA-S-50 registrierten Impulse wurden über das Strahlungsmeßgerät SMG 20026 und Impulsdichtemesser VA-D-440 von je einem Schreiber VA-G-140 aufgezeichnet. Es wurden 5 bis 10 cm³ der Stammlösung mit der spezifischen Aktivität von ca. 7 MBq/cm³ pro Versuch in einer Menge von 1 – 2 g des Füllstoffs aufgenommen.

Der Innenmischer wurde in der Regel bei gestoppten Knetschaufeln mit ca. 60% Kautschuk, 25% Füllstoff und 6% Weichmacher sowie dem vernachlässigbar kleinen Anteil des markierten Füllstoffs beschickt.

Meßtechnische Vorversuche

Die in Abb. 2 gezeigte relativ gute Auswertbarkeit der Impulsdichtekurven setzt einen ausgeprägten Meßeffekt voraus, der wiederum in entscheidendem Maße vom Blendendurchmesser abhängt. In Abb. 3 wird die Abhängigkeit der Ausgangs- von der Eingangsaktivität (I_a bzw. I_e) bei drei Blendendurchmessern und bei beiden Zählrohren dargestellt. Die lineare Proportionalität der Funktion $I_a/I_e = f(I_e)$ ist gewährleistet. Bei der Erhöhung von I_e wird jedoch der Unterschied zwischen den Zählrohren 1 und 2 größer, so daß es sinnvoll erscheint, die Versuche mit dem in diesem Fall größten Blendendurchmesser von 16 mm und einer entsprechend kleineren I_a durchzuführen.

Die Abhängigkeit des Verhältnisses I_a/I_e vom Blendendurchmesser bei beiden Zählrohren zeigt Abb. 4. Daraus geht hervor, daß die erwartungsgemäß annähernd quadratische Abhängigkeit gefunden werden konnte: I_a-Verhältnis 1:2,3:8 bei einem Verhältnis der Blendendurchmesser von 1:2:4. Die aus der Höhe des Plateaus errechnete Aktivität I_a entspricht bei allen nachfolgend beschriebenen Versuchen einem Anteil von etwa 1% der eingesetzten Aktivität I_e. Dieser experimentelle Befund steht mit dem Ergebnis der geometrischen Berechnung in guter Über-

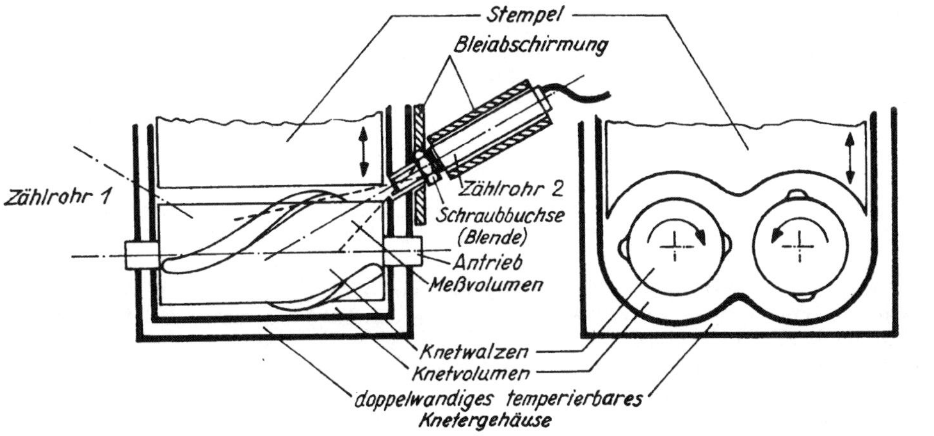

Abb. 1. Meßanordnung am Knetmischer

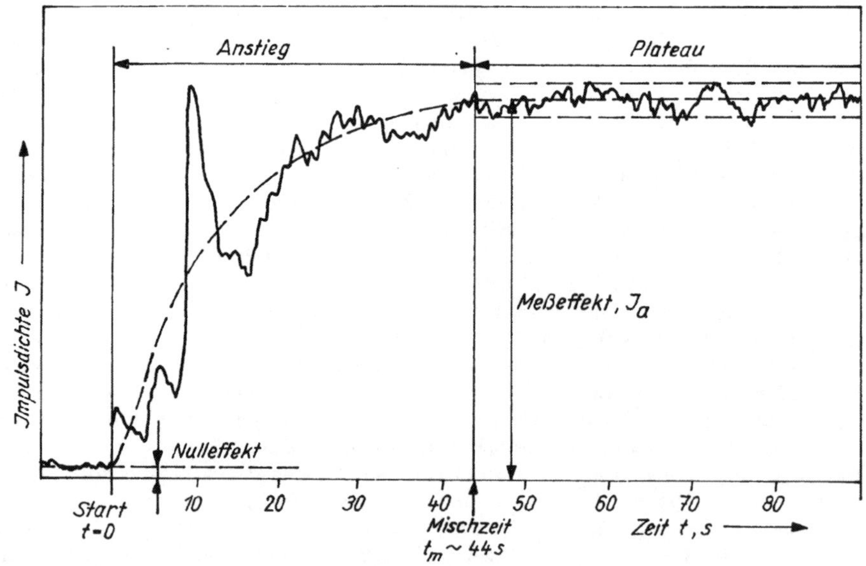

Abb. 2. Verlauf einer Impulsdichtekurve während des Mischvorganges

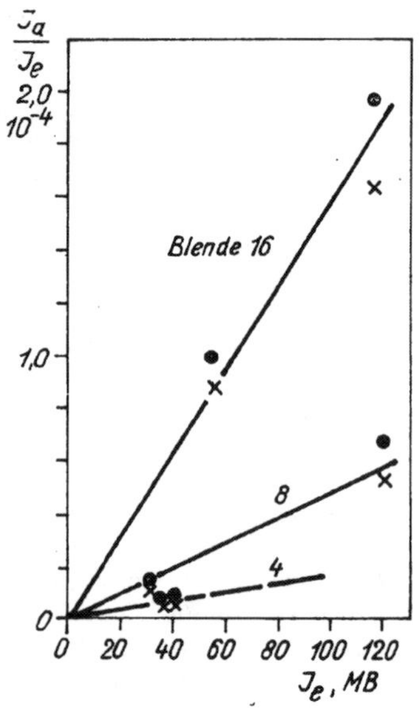

Abb. 3. Abhängigkeit des Verhältnisses I_a/I_e von der eingesetzten Aktivität I_e beim Blendendurchmesser von 4,8 und 16 mm (Sonde 1: ●, Sonde 2: x)

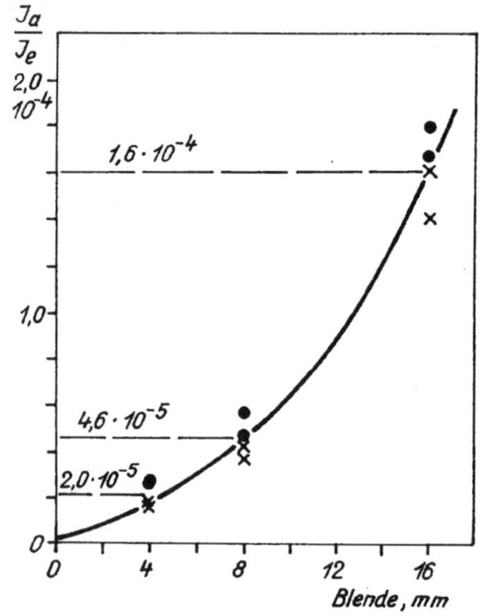

Abb. 4. Das Verhältnis I_a/I_e in Abhängigkeit vom Blendendurchmesser

einstimmung, wonach im Falle der 16 mm-Blende ein kegelförmiger Volumenanteil von 3% des Mischvolumens durch ein Zählrohr erfaßt wurde.

Die beiden Beobachtungspunkte (Zählrohr 1 und 2) lieferten bei den Parallelmessungen übereinstimmende Impulsdichten.

Diskussion der Impulsdichtekurven

Den charakteristischen Verlauf der Impulsdichtekurven vom Start bis zur Homogenität zeigt Abb. 2. Dargestellt ist die vollständige Verteilung des radioaktiv markierten Füllstoffanteils (im betrachteten Volumenelement) bis zum Erreichen einer bestimmten mittleren Impulsdichte. Dabei wird ein Trend in der Impulsdichtekurve (gestrichelte Linie) vorausgesetzt. Die periodischen Schwankungen der Aktivität sind durch die Rotation der Knetschaufeln bedingt. In Abhängigkeit von der Drehzahl weist der Anstieg sehr differente Formen auf. Die Amplituden in der Anstiegsphase sind sehr groß, da nacheinander Partien starker und schwächerer Aktivität am Zählrohr vorbeigeführt werden (vergleiche auch Abb. 6).

Mit zunehmender Mischzeit nimmt die Homogenität des Gemisches zu und die homogene Verteilung der Aktivität stellt sich ein. Die Schwankungen der Impulsraten im Plateau der Kurve beruhen auf Differenzen in der Schichtdicke der Knetmasse aufgrund der Rotationsbewegung. Die Streubreite der Meßwerte bei abgeschaltetem Mischer aufgrund der Zählstatistik ist gering. Aus Abb. 2 ist ersichtlich, daß die Festlegung der Mischzeit, d. h. des Plateauanfangs mit einem rel. Fehler von $\pm 10\%$ erfolgen kann, was jedoch für das gestellte Ziel ausreicht.

Ergebnisse und Schlußfolgerungen

Der Knetmischer wurde bisher mit der Mischzeit $t_m = 3$ min betrieben, um mit Sicherheit eine homogene Vermischung zu erreichen. Eine genaue Feststellung der tatsächlich erforderlichen Mischzeit ist durch die Ermittlung von deren Abhängigkeit von der Drehzahl $t_m = f(v_r)$ möglich.

Tab. 1. Tracertechnische Mischversuche in Abhängigkeit von der Drehzahl

v_r	t_m (min)		n_m (Umdr.)*		I_a/I_e (10^{-4})	
min^{-1}	1	2	1	2	1	2
					Sonde	
20	0,67	0,75	13,4	15	—	—
20	0,83	0,78	16,6	15,6	—	—
20	0,62	0,58	12,4	11,6	—	—
40	0,52	0,52	20,8	20,8	2,09	1,98
50	0,50	0,48	25,0	24,0	1,76	1,68
50	0,37	0,28	18,5	14,0	1,64	1,59
50	0,33	0,32	16,5	16,0	1,96	1,66
60	0,30	0,30	18,0	18,0	1,72	1,61
80	0,21	0,30	16,8	24,0	1,70	1,72
80	0,30	0,35	24,0	28,0	1,77	1,68
100	0,20	—	20,0	—	—	—

*) n_m = Anzahl der Umdrehungen vom Start bis t_m (berechnet nach v_r/t_m)

Ergebnisse von Versuchen bei sechs verschiedenen Drehzahlen zeigt Tab. 1. Die erhaltenen Mischzeiten sind deutlich kleiner als angenommen und so besteht eine nichtlineare Abhängigkeit, die trotz der Streuung als ausgeprägt bezeichnet werden kann. Abb. 5 bestätigt

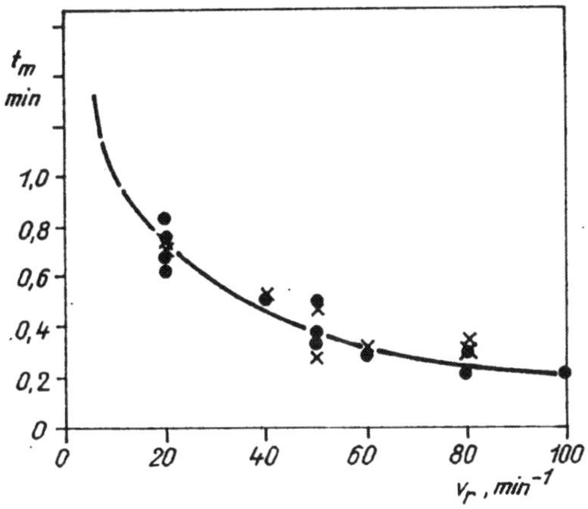

Abb. 5. Darstellung der Funktion $t_m = f(v_r)$

den allgemein bekannten Sachverhalt, daß die Mischwirkung im wesentlichen von der Anzahl der realisierten Knetschaufelumdrehungen ($n_m = t_m \cdot v_r$) abhängt. Die Meßpunkte in Abb. 5 müßten demnach konkret über die Beziehung $t_m \sim \frac{1}{v_r}$ approximiert werden können. Bei den Messungen konnte nach Erreichen der Homogenität eine periodische Schwingung des Plateaus beobachtet werden, die die statistischen Schwankungen um ein Vielfaches übersteigt. Ein Beispiel zeigt Abb. 6. Das bedeutet, daß die Impulsdichtekurve jeder einzelnen Umdrehung der Knetwalzen folgt und daß sich aus der Frequenz dieser Schwingung die Drehzahl direkt ablesen läßt.

Darüber hinaus wurde eine Periodizität mit einer Frequenz von etwa 9 bis 10 Umdrehungen gefunden, die

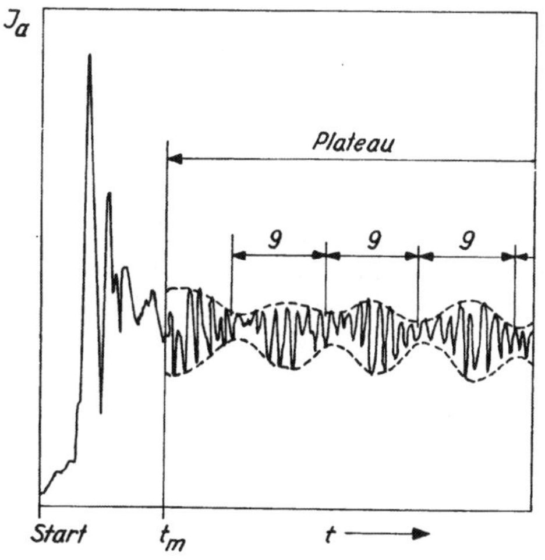

Abb. 6. Die Superposition der Umdrehung und der axialen Bewegung des Mischgutes beim Mischvorgang

der o. g. periodischen Schwingung überlagert ist und in Abb. 6 als Hüllkurve erscheint. Damit konnte nachgewiesen werden, daß das Mischgut parallel zur Achse der Knetwalzen innerhalb 9 bis 10 Umdrehungen einmal hin und her wandert. Das steht mit Angaben der Betriebsunterlagen des Knetmischers in guter Übereinstimmung, wonach 9 Umdrehungen der vorderen Walze 10 Umdrehungen der hinteren Walze entfallen. Deshalb wurde bei der Auswertung der Versuche die Abhängigkeit der Mischzeit von der Anzahl der Umdrehungen innerhalb t_m (Funktion $t_m = f(n_m)$ *m* vgl. Tab. 1) dargestellt (Abb. 7).

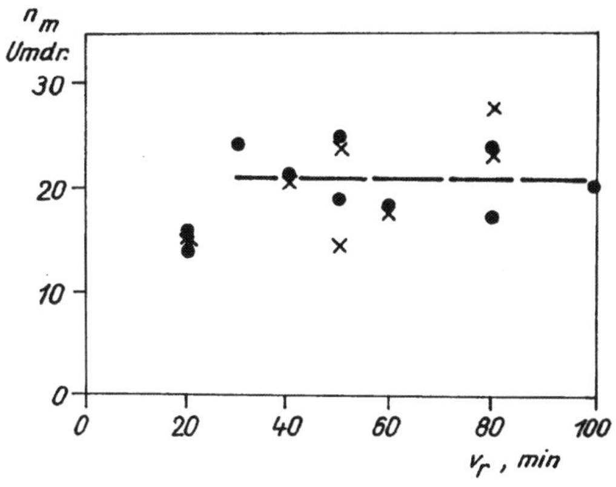

Abb. 7. Abhängigkeit der bis zum Zeitpunkt t_m (Homogenität) erforderlichen Umdrehungen der Kneterwellen von der Drehzahl

Bei Drehzahlen von 40 bis 100 U · min^{-1} ist n_m mit großer Wahrscheinlichkeit unabhängig von t_m. Daraus folgt, daß zum Erreichen der Homogenität in diesem Knetmischer bei allen Drehzahlen annähernd die gleiche Anzahl von Umdrehungen notwendig ist. Sichere Ergebnisse bedürfen allerdings weiterer gezielter Versuche.

Mit den Experimenten konnte nachgewiesen werden, daß

— die Methode der Tracertechnik mit Radionukliden zur Ermittlung der Mindestmischzeit zum Erreichen der Homogentität des Mischgutes in Knetmischern gut geeignet ist

— damit die Möglichkeit besteht, durch entsprechende Untersuchungen an industriellen Mischern die Mischzeiten auf das erforderliche Minimum zu verkürzen und so erhebliche Einsparungen an Elektroenergie zu erzielen.

Eingegangen am 17. 11. 1981

Literatur

[1] *Ullmans* Encyklopädie der techn. Chemie, Bd. 2, Weinheim/Bergstraße: Verlag Chemie, 1972, S. 293

[2] *J. Schmitz, H. Winkler*, Kerntechnik 12 (1970) 202

Analogue Simulation of Mixing and Flow Patterns in Chemical Reactors and Continuous Flow Tanks Using Radioactive Tracer Data*)

A. G. Chmielewski

(Institute of Chemical Engineering, Warsaw Technical University)[1])

Analogue technique is a very useful tool for radiotracer data processing. In the paper methodology of the analogue model construction and further simulation investigation is discussed. Results of the investigations for the liquid flow and mixing patterns in waste water equalizing tank and recycle chemical reactor have been presented.

Keywords

analog computers; bromine 82; data processing; flow models; mixing; simulation; tracer techniques

1. Introduction

Radioactive tracers are convenient tool for investigation of phenomena connected with mixing and flow patterns [1]. Apart from the proper execution of experiment, extremely important stage of the work is processing and interpretation of the results obtained. The numerical methods have been extensively used for these purposes [2–4]. Very useful tool serving for processing the radiotracer investigation data are as well analogue methods [5], complementing above mentioned methods.

In this work the examples of solutions of two research problems are presented.

2. Application of analogue technique to isotope investigation data processing

Majority of devices used nowadays for measurement and recording of nuclear radiation is provided with magnetic storages or another types of recording devices that enable repeated conversion of the data into electric pulses or voltages. In such a case direct application of data to analogue computer input is possible. At the same time, especially during the course of laboratory investigation, direct connection of the measuring equipment to computer is possible.

Data applied to the input of analogue computer could be further processed taking into account the needs of their interpretation. The principle of these operations is given in Fig. 1.

The next steps after initial processing of the results of measurements is determination of the model that describes the dynamics of flow in the object under investigation, and evaluation of this model parameters.

As soon as model and its parameters have been determined further simulation investigations could be carried out as follows:

a) determination of the system response to forcing function of another type

b) determination of complete frequency response of the system

c) determination of the influence of changes of flows, volumes of individual system elements etc., on the shape of residence time distribution functions

d) determination of the influence of inlet and outlet place change

e) introduction of another parameters e.g. taking into account the rate of chemical reaction in investigated system etc.

3. Application of analogue technique to isotope investigation data processing with respect to waste water flow dynamics in equalizing tank

Important question connected with the work of waste water treatment plant is the problem of proper choice of the tank for equalizing the flow rate and composition of inflowing wastes [6–8]. Radioactive tracers are very useful tool for a study of such equipment [9, 10].

3.1. *Experimental*

Investigated equalizing tank (working as well as a primary clarifier) is the tank of ca. 4950 m^3 volume. During investigations waste water flow rate through this tank was equal to ca. 700 m^3/h. For these investigations the impulse method of tracer injection was used. It could be assumed that forcing function has the character of unit impulse of *Dirac* δ-function type. As a tracer radiocisotope ^{82}Br in the form of KBr salt dissolved in water was used. The change of concentration (activity) of the tracer in outlet stream was recorded by means of the set comprising scintillation counter and electronic scaler connected with the printer.

3.2. *Analogue model of the equalizing tank*

Dynamics of fluid flow through the equalizing tank is well described with *Wolf-Resnick* model [11]. The analog model of the investigated tank will be the scheme of connections consistent with the scheme of transfer function of intertial system of I order with transport lag [5]. Time

---

* This paper was presented at the 7th International Congress of Chemical Engineering, Chemical Equipment Design and Automation, CHISA 81, Praha, Chechoslovakia.

[1]) Address: Waryńkiego 1, 00-645 Warszawa, Poland

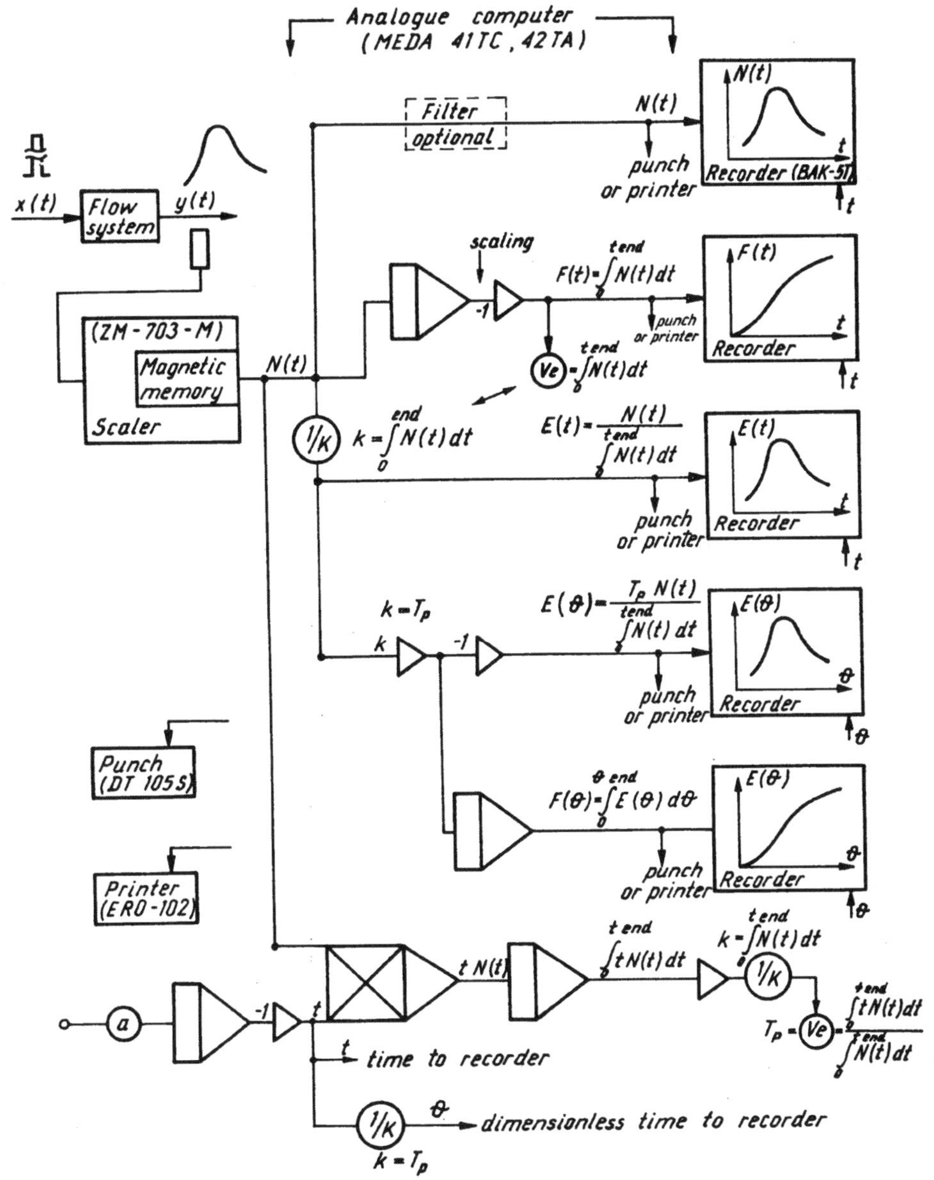

Fig. 1. Schemes for direct data processing by analogue computers

lag was allowed for with proper shift of the origin of curve on time axis. Obtained parameters of the model $\eta = 1.31$ and $\varepsilon = 0.155$ h. Experimentally determined mean residence time amounted to 5.7 h (while calculated 7.06 h). Functions F, experimental, calculated on analogue computer and for the tank with perfect mixing are given in Fig. 2.

3.3. *Simulation investigations carried on analogue model of the equalizing tank*

In the work [10] it was proved that comparison of work of various equalizing tank is possible on the basis of system response to periodical disturbances only — in general, on the basis of frequency responses. The measure of degree of equalization will be attenuation (or gain), i.e. in the case of sinusoidal fluctuations, the ratio of input and output signal amplitudes. The analogue model obtained allows for gaining such type of relationships, e.g. in Fig. 3 there is given a response found on the basis of the model of investigated equalizing tank for sinusoidal and periodical square-wave forcing functions. In work [12] complete

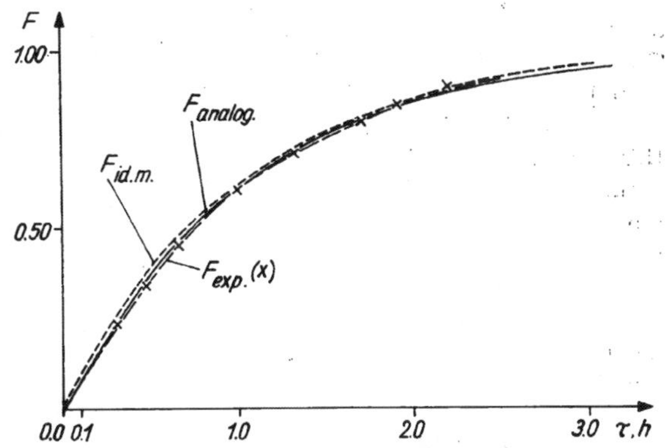

Fig. 2. Residence time distribution functions F for investigated equalizing tank, its analogue model and ideal mixing tank

frequency responses of the system have been obtained, that enabled evaluation of the work of equalizing tank for various frequencies of changes of impurities concentration in waste waters.

Afterwards on the basis of model constructed as well as constructed models of another type of equalizing tanks the extensive comparative investigations were carried out [13].

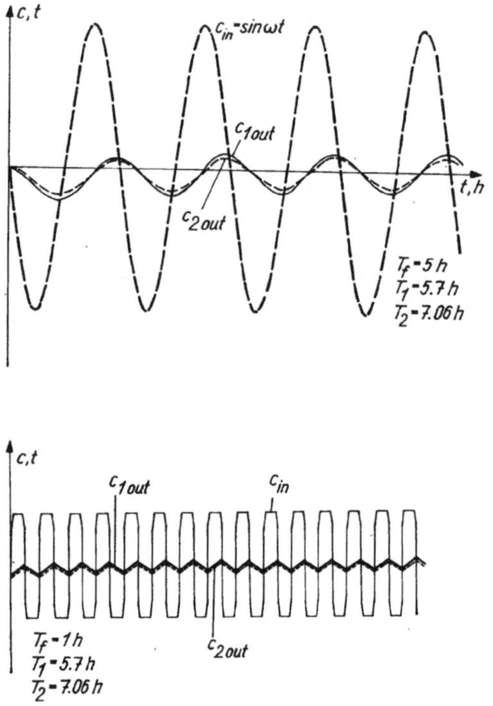

Fig. 3. Responses of equalizing tank analogue model for periodical changes of concentration in waste water

4. Applications of analogue technique to isotope investigation data processing with respect to chemical reactor with stream recirculation

Very often in chemical technology are used the reactors with recirculation of the stream fraction. Because of control and proper choice of reactor working parameters important problem is determination of dynamics of flows in such a system.

In work [14] is given general form of transfer function for such case, but getting the analytical solutions is possible after adoption of a number of simplifying assumptions. These assumptions include either lack of time lag in recycle loop [15] or occurence in one of the loops cascade of reactors of identical residence time [14]. Application of this type solutions is in practice limited. In the case of actual reactors, e.g. reactor investigated in this work, model consists of a number of volumes with perfect mixing and various residence times interspersed with volumes with plug flow. The possibility of application of structural programming allowed to solve problem by means of analogue technique. It enabled as well further simulation investigations of the reactor model.

4.1. *Experimental*

Simplified diagram of investigated system is given in Fig. 4. Main part of installation is reactor divided into two parts with perforated plate. Liquid from lower part or the reactor is pumped through heat exchanger to upper part of the reactor. Product stream is taken away from recirculated stream just before the pump. The ratio of

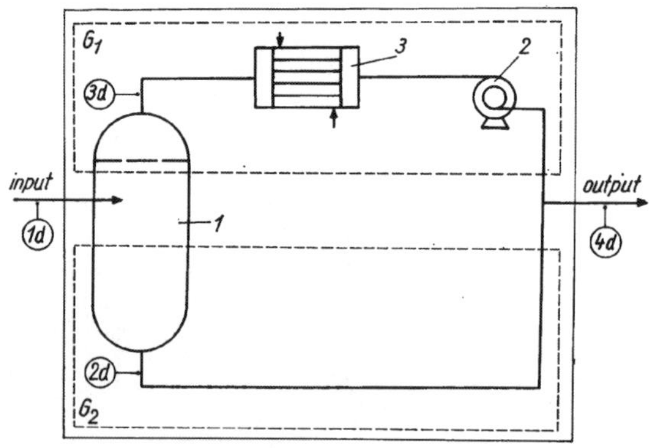

Fig. 4. Scheme of investigated recycle reactor

flow rate of recirculated stream to input and output stream. amounts to 530:1. Because the purpose of this work was determination of dynamics of liquid flow, the liquid was traced with radioisotope ^{82}Br. Tracer was injected in impulse manner to the reactor feeding stream. Shape of this impulse was recorded by means of ZM-703 M scaler connected with the scintillation counter 1d placed in collimator on reactant feeding pipeline. Electronic assembly enabled recording of data on magnetic tape, punched tape and graphically on the recorder. Curves of response of system elements were similary recorded on assembles connected with scintillation counters placed on stream at points 2d, 3d, 4d (Fig. 4). Change of concentration (activity) of the tracer in respective measuring points is presented in Fig. 5. Some shifts in curve location levels result from different efficiency of individual measuring counters. They were preserved in the figure for its improved legibility, and to this end as well the plot from counter 4d was presented in the form of smoothed dotted line. In the course of data processing this curves were subjected to normalization by using suitable scaling coefficients.

4.2. *Analogue model of the investigated reactor with recirculation*

Input-output relation for the system presented in Fig. 4 could be recorded as a transfer function:

$$G(s) = \frac{G_1(s)}{1 + k - kG_1(s)\, G_2(s)} \tag{1}$$

where $G_1(s)$ and $G_2(s)$ are transfer functions for respective system loops, and k is recirculation ratio.

In order to determine respective elements of the model, transfer functions for individual parts of the installation were determined by means of the analogue computer.

Parameters of transfer functions were determined on the basis of fitting the curves for probe systems 1d−2d, 2d−3d, 3d−2d second peak according to principles outlined [5, 16, 17]. Basing on such determined partial transfer functions the system closed model was constructed. Diagram of analogue program executing closed model is given in Fig. 6. Model consists of series connected blocks Time lag modelling was carried out using Pade series principle. Transfer function $G(s) = \exp(-T_L s)$ describes transport lag and corresponds to the volume with plug flow of mean residence time T_L. Transfer function $G(s) = (1 + T_m s)^{-1}$ representing inertial system of I order corresponds to the volume with perfect mixing of mean residence time T_m.

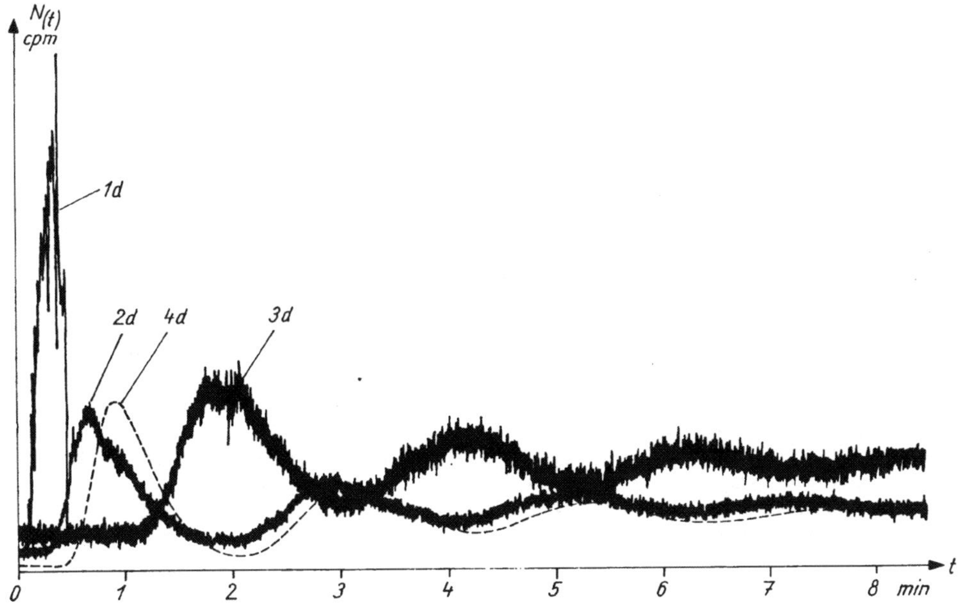

Fig. 5. Changes of tracer concentration for various installation points

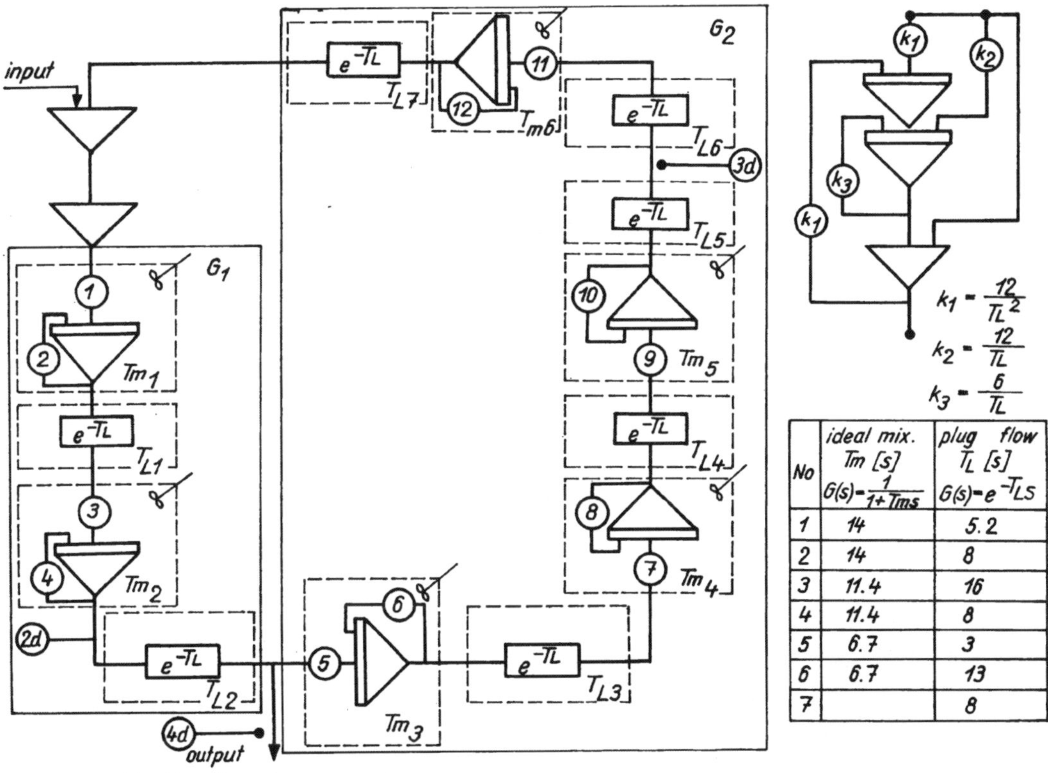

No	ideal mix. T_m [s] $G(s)=\frac{1}{1+T_m s}$	plug flow T_L [s] $G(s)=e^{-T_L s}$
1	14	5.2
2	14	8
3	11.4	16
4	11.4	8
5	6.7	3
6	6.7	13
7		8

Fig. 6. Analogue model of investigated recycle reactor

The model constructed well renders dynamics of fluid flows in investigated reactor with recirculation. It is illustrated in Fig. 7 presenting response for the various analogue model points corresponding to the same points of recycle reactor, obtained for real impulse forcing reproduced from magnetic tape of the scaler.

Model determined by means of analogue computer enables determination of transfer functions $G_1(s)$ and $G_2(s)$ and then calculation of total transfer function $G(s)$ appearing in equation (1).

$$G(s) = \frac{e^{113.2s}(1 + 11.4s)^2\,(1 + 6.7s)^2}{531(1 + 14s)^2(1 + 11.4s)^2(1 + 6.7s)^2 - 530\,e^{-61.2s}} \quad (2)$$

On the basis of constructed model further simulation investigations of the system were carried, out, e.g. was determined the influence of change of inlet and outlet place on velocity of equalizing of concentrations in re-

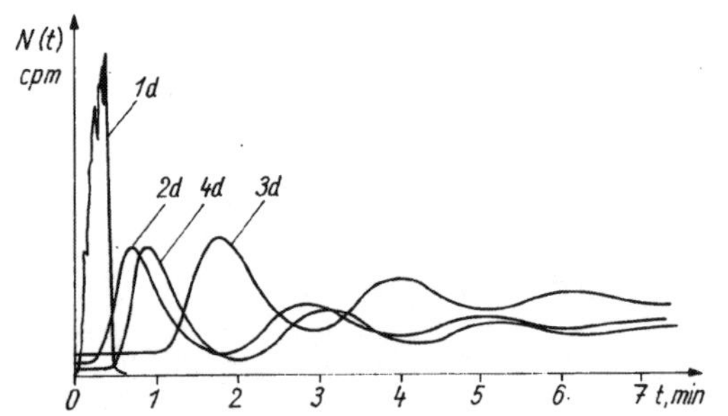

Fig. 7. Changes of tracer concentration for various installation points obtained by means of analogue model – compare with Fig. 5

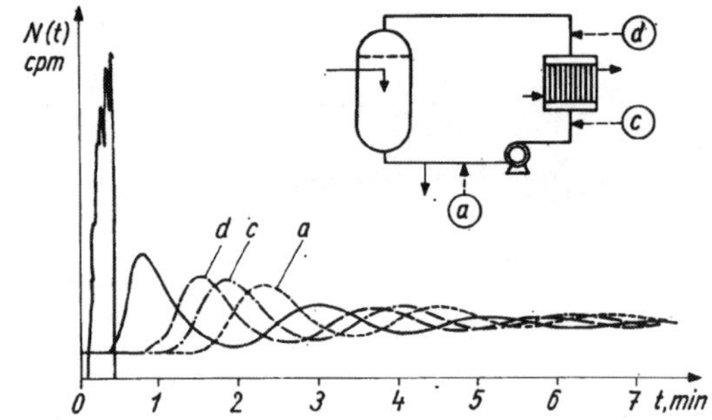

Fig. 8. Influence of feeding point position on tracer concentration equalization rate

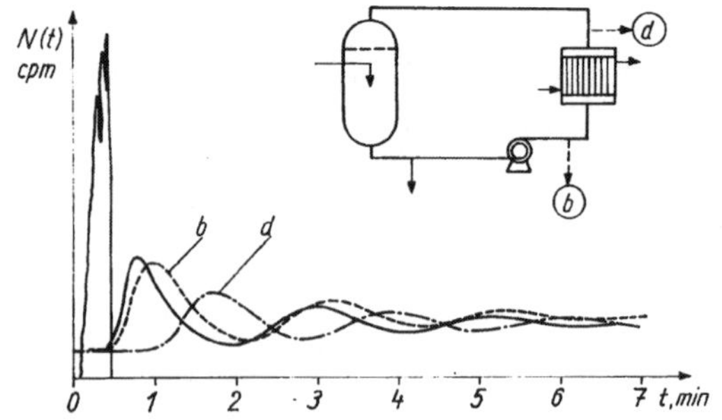

Fig. 9. Influence of output position on tracer concentration change level in product stream

circulating fluid, as presented in Fig. 8 and 9. The system response to step forcing functions was investigated and elements of chemical reaction kinetics were introduced to the model [18].

5. Conclusions

The examples of application of analogue technique for isotope investigation data processing given in this work are the proof that it is valuable tool complementing the numerical methods commonly employed for these purposes. Introduction of this technique enables easy construction of investigated system model and then its simulation investigations.

Received July 29, 1981
Accepted in revised form: September 9, 1981

References

[1] *A. G. Chmielewski, A. Selecki*, Isotopenpraxis 15 (1979) 276
[2] Laboratory Manual on the Use of Radiotracer Techniques in Industry and Environmental Pollution, IAEA, Technical Reports Series No. 161, Wien 1975
[3] *J. Thyn*, Radioisotopy 17 (1976) 797
[4] *A. Selecki, W. Pilaciński, B. J. Trznadel*, in press
[5] *Chmielewski*, Works of IICh PW 8 (1979) 187
[6] *A. T. Wallace*, J. Sanitary Eng. Div. 6 (1968) 1161
[7] *D. M. Di Toro*, J. Env. Eng. Div. 6 (1975) 917
[8] *E. A. R. Ouano*, Water and Sewage Works 91 (1977) No. 11, p. 48
[9] *S. Szpilowski, G. Strzelczyk, R. Winnicki*, Nukleonika 25 (1976) 603
[10] *A. G. Chmielewski*, Gosp. Wod. 4 (1980) 110
[11] *P. Wolf, W. Resnick*, Ind. Eng. Chem. Fundls 2 (1963) 187
[12] *Z. Paca*, Diploma Work, Politechnika Warzawska 1979
[13] *A. G. Chmielewski, Z. Paca*, in press
[14] *L. G. Gilboro*, Chem. Eng. Sci. 26 (1971) 299
[15] *B. Fu* et al., Ind. Eng. Chem. PDD, 10 (1971) 501
[16] *A. G. Chmielewski* et al., Report of IICh PW, Warzawa 1979
[17] *A. G. Chmielewski, M. Witkowski*, Inz. i Ap. Chem. 5 (1980) 24
[18] *A. G. Chmielewski, M. Witkowski*, Report of IICh PW, Warszawa 1980

Estimation of Single-Stage Separation Factors of Uranium Isotopes in Ion-Exchange Chromatography involving Formation of Uranyl Acetate Complexes

M. Okamoto[1]), *Y. Tanaka*[1]), *Y. Fujii*[1]), *M. Maeda*[2])

(Research Laboratory for Nuclear Reactors, Tokyo Institute of Technology[1]) and Department of Applied Chemistry, Nagoya Institute of Technology[2]))

In order to calculate the single-stage separation factors of uranium isotopes in ion-exchange chromatography involving formation of uranyl acetate complexes according to the two phases distribution theory, the compositions and concentrations of uranyl acetate species in the resin phase were measured by equilibrium experiment, and the reduced partition function ratios for uranyl and uranyl acetate species in the resin phase were deduced by ion-exchange chromatography. The single-stage separation factor was evaluated as a function of the concentration of uranyl acetate solution on the basis of the results described above and the reduced partition function ratios for uranyl acetate species in solution obtained previously by the analysis of Raman data. It was found that the single-stage separation factor decreases with the increase of the uranyl acetate concentration in solution.

Keywords

ion exchange chromatography; partition functions; separation factors; thermodynamics; uranium isotopes; uranyl complexes

Introduction

As was reported in previous papers [1, 2], we investigated uranium isotope fractionation by ion-exchange chromatography of uranyl carboxylate complexes and found that the lighter isotope ^{235}U is accumulated more preferentially in uranyl carboxylate complexes than in the hydrated uranyl ion. The sequence of the magnitude of the elemental separation coefficient $\varepsilon = \ln s \cong s - 1$ (s, single-stage separation factor; in what follows ε will be used instead of s for simplicity in writing down Eq. (1)) was in the order acetate < tartrate < citrate complexes. This means that the larger the stability constants of the complexes, the more preferentially is ^{235}U accumulated in the complex. The *Raman* and infrared spectra of the uranyl complexes in solution were measured and the reduced partition function ratios for the uranyl complexes in solution were calculated by using the symmetric and asymmetric vibrations of the O=U=O bond [2, 3]. The sequence of the magnitude of the reduced partition function ratios thus calculated was consistent with that of the elemental separation coefficients obtained experimentally. However, by detailed inspection of the elemental separation coefficients in the uranyl carboxylate systems, it seems that the ε value in each system varies with the changes of uranyl and eluent concentrations.

In the present work, therefore, we aimed at evaluating the dependence of the ε value on the concentrations of uranyl acetate solutions in terms of the two phases distribution theory of isotopes [4]. According to the theory, the elemental separation coefficient ε is correlated with the compositions and concentrations of uranyl acetate solution by Eq. (1)

$$\varepsilon = \ln s \cong s - 1 = \sum_{n=0}^{3} \bar{x}_n \Delta_n + \sum_{n=0}^{3} (x_n - \bar{x}_n) f_n \quad (1)$$

where subscripts $n = 0$, 1, 2 and 3 are, for UO_2^{2+}, $UO_2CH_3COO^+$, $UO_2(CH_3COO)_2$ and $UO_2(CH_3COO)_3^-$ species, respectively. The symbol — denotes the resin phase, x the mole fraction of the species represented by n, f the reduced partition function ratio and $\Delta_n = f_n - \bar{f}_n$. Equation (1) indicates that if the compositions and concentrations of the species in both resin and solution phases and the reduced partition function ratios of the species present in resin phase are estimated, the ε value can be evaluated with the values of f in solution previously determined by use of *Raman* data [3]. Thus, we estimated the compositions and concentrations of uranyl acetate species in the resin phase by equilibrium experiment, and deduced $\bar{f}_n$ values by band experiment. The concentrations of the uranyl acetate complexes in solution were calculated by use of their stability constants [5].

Experimental

Reagents. Uranyl acetate and perchlorate solutions were prepared by eluting uranyl ions with ammonium acetate and barium perchlorate, respectively, from columns of the cation-exchange resin of the uranyl form. The resin was a strongly acidic cation-exchange resin PK-1 (100–200 meshes) supplied from Asahi Chemical Industry (Japan).

Equilibrium experiment. The column used was about 5 cm in length and 1 cm in diameter, with a sintered glass disk at the bottom. The resin was packed in the column, and converted to the hydrogen form after conditioning in a usual manner. The resin was extracted and dried *in vacuo* at 100 °C for 24 h, and weighed. The weighed resin was packed in the column, and subjected again to conditioning and converted to the hydrogen form. A sample solution of uranyl acetate was charged to the column at the constant flow rate. The establishment of equilibrium between the resin and the external solution phases was acertained by checking no change in pH's and uranyl-ion concentrations of the effluents. The column was set a centrifugal machine and the resin phase was separated from the external solution phase by centrifugation at 3000 rpm for 15 s. Then the uranyl acetate species adsorbed by the resin were eluted with 1.2 mol dm^{-3} HCl solution, and the

Addresses: [1]) Ookayama, Meguro-Ku, Tokyo 152, Japan; [2]) Gokiso-cho, Showa-Ku, Nagoya 466, Japan

concentration of the uranyl ions in the effluent was measured by a colorimetric method and the content of the uranyl acetate species adsorbed by the resin was determined in units of milliequivalent per gram of resin. The content of the uranyl species in the resin in equilibrium with a uranyl acetate solution of infinitesimal concentration was measured as follows. The resin was equilibrated with a dilute uranyl acetate solution, and then washed with a great volume of water so that no uranyl ion was detected in the effluent water. The uranyl ion adsorbed by the resin was eluted and the content was measured.

Band experiment. The ion-exchange chromatography of the hydrated uranyl ion was carried out in order to estimate the reduced partition function ratio for the UO_2^{2+} ion in the resin phase. The column used was about 205 cm in length and 1 cm in diameter, surrounded by a jacket through which thermostated water was circulated. The experimental procedures were analogous to those described in the previous paper [1]. A uranyl perchlorate solution was fed into the column packed with the resin of the H^+ form to prepare a uranium band of appropriate length, and then the band was eluted with a 0.1 mol dm^{-3} $Ba(ClO_4)_2$ solution. The effluent was collected in fractions. The concentrations of the uranyl ions in these fractions were determined by a colorimetric method and the isotopic analysis of uranium was carried out using a Varian Mat CH 5 mass spectrometer [1].

Results and Discussion

1) *Composition and content of uranyl acetate species in resin phase*

The content of uranyl acetate species adsorbed by the resin as a function of the concentration of the uranyl acetate solution is illustrated in Fig. 1. For comparison the adsorption isotherm in the case of uranyl perchlorate is also inserted. It is seen that the adsorption content increases with the increase of the solution concentration in both systems. In the case of uranyl perchlorate the increase may be ascribed to the reduction of the efficiency of electrolyte exclusion because of increasing perchlorate-ion concentration. The great difference between the adsorption isotherms of uranyl acetate and perchlorate may be due to the complex formation of uranyl with acetate ions. The species UO_2^{2+}, $UO_2CH_3COO^+$, $UO_2(CH_3COO)_2$ and $UO_2(CH_3COO)_3^-$ are expected to be formed in the external solution of uranyl acetate [5]. The UO_2^{2+} and $UO_2CH_3COO^+$ species with positive charges are adsorbed by the resin. The neutral $UO_2(CH_3COO)_2$ may penetrate into the resin phase by diffusion. The reduction of the efficiency of *Donnan* exclusion due to CH_3COO^- may be negligibly small unlike ClO_4^- ions in the case of uranyl perchlorate solution, because the concentration of CH_3COO^- ion is very low on account of the complex formation. Under these conditions, the ion-exchange capacity (C_R^0) and the apparent ion-exchange capacity (C_R) of the resin are related to the concentrations of the species in the resin phase by Eqs. (2) and (3), respectively

$$2\,|UO_2^{2+}|_R + |UO_2CH_3COO^+|_R = C_R^0 \quad (2)$$

$$2\,|UO_2^{2+}|_R + 2\,|UO_2CH_3COO^+|_R + 2\,|UO_2(CH_3COO)_2|_R = C_R \quad (3)$$

where $|\ |_R$ denotes the concentration of the species in the resin phase. The linear increase of C_R value in the concentration range higher than 0.1 mol dm^{-3} uranyl acetate in Fig. 1 may be attributed to the increase of the content of the neutral $UO_2(CH_3COO)_2$ species. Here, it was assumed that the content of the neutral $UO_2(CH_3COO)_2$ species in the resin is linearly proportional to the concentration of the corresponding species in the solution. By calculating the concentration of the neutral species in the solution with the stability constants of uranyl acetate complexes [5], the content of $UO_2(CH_3COO)_2$ species in the resin phase was correlated with the total concentration of the uranyl acetate solution $[UO_2^{2+}]_T$ by Eq. (4).

$$|UO_2(CH_3COO)_2|_R = 0.58 \times [UO_2^{2+}]_T \quad (4)$$

Finally, the contents of the species in the resin phase were calculated by use of Eqs. (2), (3) and (4). They are graphically shown in Fig. 2. It is seen that with increasing concentration of uranyl acetate in solution the $UO_2CH_3COO^+$ species of lower valence is taken up by the resin more preferentially than the UO_2^{2+} ion of higher valence. This may be due to the fact that the complex formation is generally accelerated with the increase of the total concentration of uranyl acetate in solution and the concentration of UO_2^{2+} ions decreases.

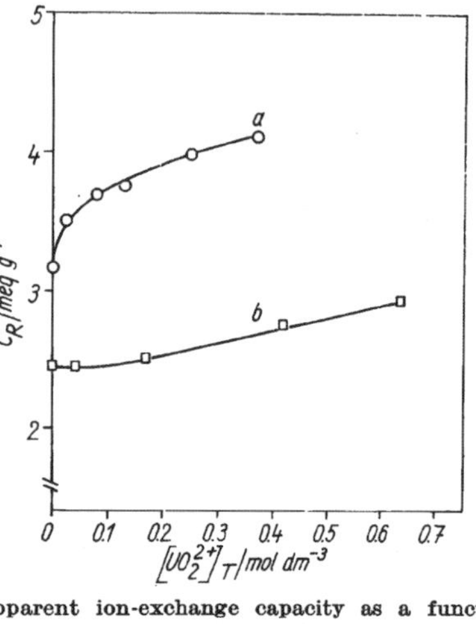

Fig. 1. Apparent ion-exchange capacity as a function of the total concentration of uranyl acetate and perchlorate in solution
a – uranyl acetate; b – uranyl perchlorate

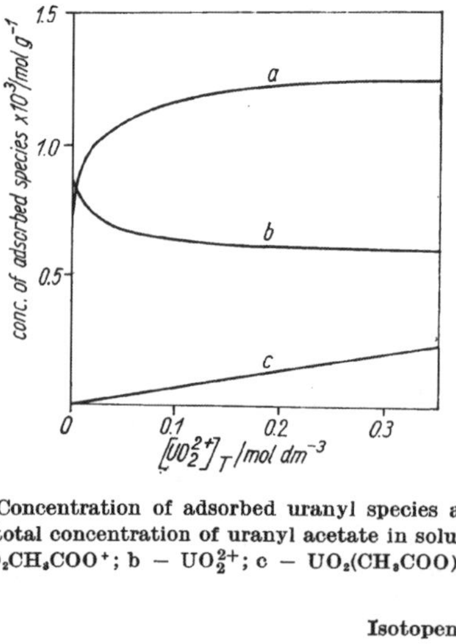

Fig. 2. Concentration of adsorbed uranyl species as a function of the total concentration of uranyl acetate in solution
a – $UO_2CH_3COO^+$; b – UO_2^{2+}; c – $UO_2(CH_3COO)_2$

2) *Reduced partition function ratios of uranyl acetate species in resin phases*

The elution graph obtained by ion-exchange chromatography of uranyl perchlorate, containing the result of the isotopic analysis, is shown in Fig. 3. It is seen that no isotope effect is found in the frontal part of the uranyl band within the limits of experimental accuracy, that is, no isotope effect occurs in the isotopic exchange equilibrium taking place between the solution and resin phases expressed by Eq. (5)

$$^{235}UO_2(H_2O)_n^{2+} + \overline{^{238}UO_2(H_2O)_{n'}^{2+}} = \overline{^{238}UO_2(H_2O)_n^{2+}} + {}^{235}UO_2(H_2O)_{n'}^{2+} \quad (5)$$

where n and n' denote the hydration numbers of uranyl ions in solution and resin phases, respectively. This means that no difference in structure and hydration number of uranyl ion would occur between the solution and resin phases or the difference would be negligibly small if it would be existent. From the above result it is concluded that $f_0 = \bar{f}_0$. Since it is impossible to carry out the band experiment of the system containing only one kind of uranyl acetate species, the f_n values ($n = 1, 2$ and 3) can not be determined experimentally. Thus, it was assumed that $f_n = \bar{f}_n$ ($n = 1, 2$ and 3) in view of the result on the hydrated uranyl ion.

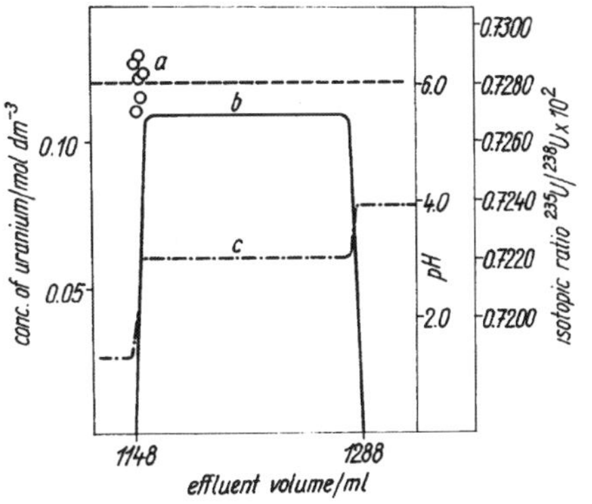

Fig. 3. Chromatogram and isotopic ratio for uranyl perchlorate system a — isotopic ratio; b — concentration of uranium in effluent; c — pH of effluent
Experimental condition: flow rate, 5.77 ml/h; temperature, 35 °C

3) *Dependence of ε value on total concentration of uranyl acetate in solution*

By application of the assumption that $f_n = \bar{f}_n$ ($n = 0 - 3$), Eq. (1) is simplified to Eq. (6)

$$\varepsilon = (x_0 - \bar{x}_0) f_0 + (x_1 - \bar{x}_1) f_1 + (x_2 - \bar{x}_2) f_2 + x_3 f_3 \quad (6)$$

where the x_n values in any total concentration of uranyl acetate in solution are calculated using the stability constants of uranyl caetate species [5], the $\bar{x}_n$ values are read from Fig. 2, and the f_n values aclculated using the symmetric frequencies of the O=U=O bond for uranyl acetate species are 1.00112 ($n = 0$), 1.00110 ($n = 1$), 1.00108 ($n = 2$) and 1.00105 ($n = 3$) [2]. The ε value as a function of the total concentration of uranyl acetate in solution calculated by inserting these parameter values into Eq. (6) is shown in Fig. 4. It is apparent that the ε value decreases with the increase in the total concentration of uranyl acetate in solution. The decrease of the ε value may be partly attributed to the reduction of the ideal

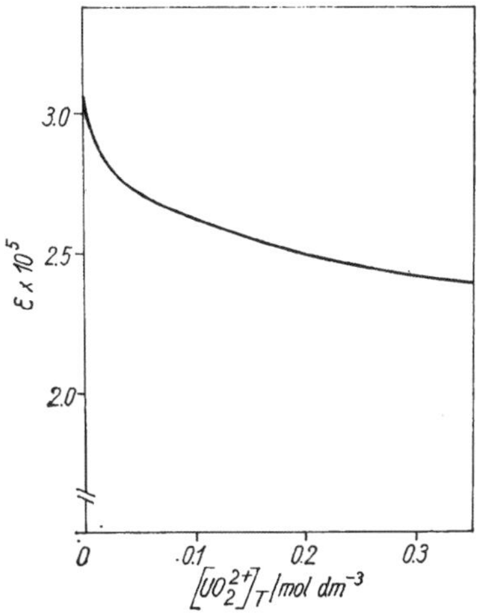

Fig. 4. ε value as a function of the total concentration of uranyl acetate in solution

ion-exchange behaviour because of the increase of the concentration of uranyl acetate species in the external solution. Unfortunately, at the present stage of investigation, no systematic experimental result is available enough to be compared with the ε value calculated in the present work.

Received September 19, 1981

References

[1] *M. Okamoto* et al., Isotopenpraxis **16** (1980) 293
[2] *Y. Tanaka* et al., J. Phys. Chem. **86** (1982) 1015
[3] *Y. Tanaka* et al., J. Inorg. Nucl. Chem., **43** (1981) 3291
[4] *H. Kakihana* et al., Bull. Tokyo Inst. Tech. **116** (1973) 39 and references cited therein
[5] *L. G. Sillén, A. E. Martell*, Stability Constants, Spec. Publ. No. 17 (1964); and Suppl. No. 1, Spec. Publ. No. 25 (971). The Chemical Society, London

Моделирование переходных процессов в каскадных установках для разделения многокомпонентных смесей стабильных изотопов

В. М. Вецко[1]), *О. А. Девдариани*[1]), *Е. В. Левин*[1]), *Г. А. Сулаберидзе*[2]), *Г. Л. Парцахашвили*[1])

([1]) Научно-исследовательский институт стабильных изотопов, г. Тбилиси;[2]) Московский инженерно-физический институт, г. Москва)

Приводится система уравнений и описание алгоритмов для численного моделирования на ЭВМ переходных процессов в каскадных установках с устройствами обращения фаз для разделения многокомпонентных изотопных смесей. Анализируются различные переходные режимы работы каскадов.

Keywords

extraction columns; isotope separation; separation processes

К настоящему времени одной из наиболее неисследованных областей в теории и практике разделения смесей стабильных изотопов являются вопросы, связанные с изучением нестационарных процессов, протекающих в разделительных каскадных установках. В то же время, в связи с непрекращающимся ростом производства изотопов детальное исследование переходных характеристик в каскадах приобретает все большее значение.

Математическую модель разделительного процесса в изотопном приближении (наличие большого числа разделительных ступеней, малость и независимость от текущих концентраций коэффициентов обогащения смеси) можно представить в виде следующей системы дифференциальных уравнений в частных производных:

$$\left.\begin{aligned} H(s)\frac{\partial c_i(s,t)}{\partial t} &= -\frac{\partial}{\partial s}[I_i(s,t)] \\ \sum_{i=1}^{m} c_i(s,t) \equiv 1; &\qquad i = 1, 2, .., m \end{aligned}\right\} \tag{1}$$

Здесь $c_i(s, t)$-концентрация i-го компонента разделяемой смеси на срупени каскада с номером s в момент времени t, $H(s)$-задержка потока вещества на ступени, m — число компонентов смеси. Величина переноса $I_i(s, t)$ компонентов смеси в направлении ступеней каскада с возрастающими номерами записывается в виде [1]:

$$I_i(s,t) = L(s)\left[c_i(s,t)\sum_{j=1}^{m}\varepsilon_{ij}c_j(s,t) - \frac{\partial c_i(s,t)}{\partial s}\right] + T(s)\,c_i(s,t) \tag{2}$$

где $L(s)$ — межступенчатый поток в каскаде, ε_{ij} — относительный коэффициент обогащения пары компонентов с номерами i, j, $T(s)$ — перенос вещества в каскаде, который определяется внешними потоками (потоками питания и отборов). Граничные условия, записанные для концов каскада и ступеней, на которых поток $L(s)$ и перенос $T(s)$ терпят разрыв, имеют вид:

$$\frac{\partial c_i}{\partial s} = c_i\sum_{j=1}^{m}\varepsilon_{ij}c_j \tag{3}$$

[1]) Адрес: СССР 380086, г. Тбилиси-86, ул. Кавтарадзе 21

для концов, и

$$I_i^+ = I_i^- + \Delta T \tag{4}$$

для внутренних точек каскада. Знаки „+" и „—" обозначают значения переноса I_i непосредственно справа и слева от рассматриваемой точки, ΔT — скачек переноса $T(s)$ в этой точке.

В случае двухфазных методов разделения таких, как дисстилляция, химический изотопный обмен и т.п. эти уравнения необходимо дополнить условиями, выражающими накопление компонентов в емкостях обращения фаз $\frac{dc_i}{dt}$, где E — задержка вещества в соответствующей емкости. Для решения задачи необходимо также задание начального условия в виде распределения концентраций по каскаду в нулевой момент времени:

$$c_i(s, 0) = \varphi_i(s) \tag{5}$$

Моделирование переходных процессов связано с известными математическими трудностями даже применительно к случаю разделения бинарных смесей изотопов, когда система (1) приводится всего к одному уравнению в частных производных. Если же число компонентов больше двух, то, повидимому, единственно возможным является путь численного интегрирования, который в свою очередь предполагает разработку эффективных, с точки эрения реализации на современных ЭВМ, алгоритмов решения задачи.

Известные из литературы подходы к решению этой проблемы в основном сводятся к использованию сеточных конечно-разностных и дифферецниально-разностных моделей уравнений нестационарных процессов.

Существенным недостатком первых является то, что для краевых задач подобного типа достаточно устойчивыми оказываются неявные схемы, которые приводят к тому, что на каждом просчитанном временном слое приходится решать большие системы нелинейных алгебраических уравнений. Применение же традиционных явных методов, свободных от этого недостатка, ограничивается недопустимо малой величиной шага интегрирования по времени [2].

Второй подход обосновывается тем, что в настоящее время методы численного интегрирования обыкновенных дифференциальных уравнений развиты лучше, чем методы решения систем нелинейных алгебраических уравнений. Дифференциально-разностные модели („методы прямых") можно рассматривать как предельный случай сеточных моделей, когда один из линейных размеров сетки (шаг интегрирования по времени) стремится к нулю. В этом направлении можно выделить несколько работ. Например, в [3] краевая задача для каскадов с устройствами обращения фаз путем асимптотических преобразований сводилась к задаче Коши для системы обыкновенных дифференциальных уравнений. Это позволяло получить систему с хорошо обусловленными матрицами коэффициентов, что допускает использование для ее решения простейших методов интегрирования, например, метода Эйлера. Однако, апробация этой модели на необратимых методах разделения не дала положительных результатов. В работах [4, 5] переход к системам обыкновенных дифференциальных уравнений осуществляется с помощью замены пространственных производных симметричными конечно-разностными соотношениями. Решение системы в первом случае производится методом типа Рунге-Кутта, который для своей устойчивости требует относительно малого шага интегрирования.

Во втором случае был применен так называемый „системный" метод [6], учитывающий общие свойства решаемых систем и позволяющий значительно увеличить шаг интегрирования по сравнению с классическими методами. Расчеты проводились для случая разделения бинарных смесей. Однако, при переходе к многокомпонентным смесям, в силу увеличения порядка нелинейности задачи, следует ожидать значительного роста объема вычислений и требуемой оперативной памяти ЭВМ.

В настоящей статье приводятся два численных метода, использованных нами для интегрирования систем уравнений, описывающих переходные процессы в каскадных установках.

Метод 1 строится по конечно-разностной схеме. Покроем область интегрирования равномерной ортогональной сеткой:

$$s = m \cdot \Delta s \, (m = 0, 1, \ldots N), \qquad t = n \cdot \Delta t \, (n = 0, 1, \ldots)$$

где $\Delta s = \frac{s_{\max}}{N}$ — шаг интегрирования по пространственной переменной, Δt — по времени, $s_{\max}$ — полное число ступеней, Потребуем, чтобы метод удовлетворял следующим требованиям: был достаточно простым в вычислениях, т.е. принаделжал к классу явных схем; достаточно устойчивым, чтобы работать с относительно большим шагом Δt; погрешность аппроксимации должна быть величиной малой по сравнению с $(\Delta t)^2$ и $(\Delta s)^2$. Первому и последнему требованию удовлетворяет так называемая схема Ричардсона, при построении которой все частные производные представляются центральными разностями:

$$\left.\begin{aligned}
\frac{\partial c_i}{\partial s} &= \frac{c^n_{i,m+1} - c^n_{i,m-1}}{2\Delta s} + 0\big((\Delta s)^2\big) \\
\frac{\partial^2 c_i}{\partial s^2} &= \frac{c^n_{i,m+1} - 2c^n_{i,m} + c^n_{i,m-1}}{(\Delta s)^2} + 0\big((\Delta s)^2\big) \\
\frac{\partial c_i}{\partial t} &= \frac{c^{n+1}_{i,m} - c^{n-1}_{i,m}}{2\Delta t} + 0\big((\Delta t)^2\big)
\end{aligned}\right\} \qquad (6)$$

Исследование этой схемы на устойчивость методом Неймана [7] применительно к линейному уравнению диффузии показывает полную ее непригодность для расчетов, т.к. схема неустойчива при любых соотношениях между шагами Δt и Δs. Однако, авторы [8] показали, что если в выражении, аппроксимирующем производную $\frac{\partial^2 c_i}{\partial s^2}$, произвести осреднение центрального узлового члена $c^n_{i,m}$ по двум соседним временным слоям, т.е. произвести замену

$$c^n_{i,m} = \frac{1}{2}\left(c^{n+1}_{i,m} + c^{n-1}_{i,m}\right) \qquad (7)$$

то схема, оставаясь явной, оказывается абсолютно устойчивой. Эта схема обладает интересными свойствами. Если теперь функции, входящие в разностные соотношения (6), с учетом (7) разложить в ряды Тейлора, то из линейного уравнения диффузии получается уравнение гиперболического типа:

$$\frac{\partial c}{\partial t} + \left(\frac{\Delta t}{\Delta s}\right)^2 \frac{\partial^2 c}{\partial t^2} = a \frac{\partial^2 c}{\partial s^2} \qquad (8)$$

Наличие гиперболического члена и объясняет абсолютную устойчивость схемы. Ее погрешность аппроксимации будет величиной порядка:

$$\Psi = 0\big((\Delta t)^2, (\Delta s)^2\big) - \left(\frac{\Delta t}{\Delta s}\right)^2 \frac{\partial^2 c}{\partial t^2} \qquad (9)$$

В силу нелинейности уравнений, входящих в систему (1), доказательство устойчивости схемы, примененной к нашим задачам, является не столь очевидным и связано с решением систем нелинейных уравнений в комплексных переменных. Устойчивость схемы проверялосъ проведением серии численных экспериментов. Влияниена решения гиперболических добавок, которые при больших Δt могут вызывать осциляционные процессы, оценивалось по отклонению получаемых стационарных распределений концентраций от известных. Оказалось, что удовлетворительные результаты могут быть получены при соотношении между шагами интегрирования $\frac{\Delta t}{\Delta s} \approx 0{,}2 \div 0{,}5$*) , что при условии $\Delta s < 1$ является значительно большей величиной, чем допускает метод, использованный в [2]. Конкретное значение этой величины определяется числом компонентов смеси, величинами концентраций в потоке питания, а также некоторыми параметрами каскадов.

Конечно-разностные соотношения (6), (7) при подстановке в систему (1) определяют схему расчета как явную и двухшаговую, т.е. при переходе к новому слою по времени требуется знание концентраций на двух, ранее просчитанных слоях. Такая схема не годится на начальном этапе вычислений, при просчете временного слоя с номером $n = 1$. В общем случае эти вычисления необходимо делать с начальным стартом по какой-либо одношаговой схеме, при этом помня о том, что погрешность должна быть не больше погрешности, определяемой основной схемой. Можно, например, первые несколько шагов считать по явной одношаговой схеме с центральными разностями по пространственным производным. При этом, поскольку такая схема имеет погрешность аппроксимации решения порядка $0\big(\Delta t, (\Delta s)^2\big)$, то, следовательно, шаг интегрирования Δt должен быть меньше, чем квадрат основ-

*) величины Δt и Δs масштабировались с использованием параметров $\frac{L\varepsilon^2}{H}\Delta t$ и $\Delta s \cdot \varepsilon$ соответственно

ного шага $(\Delta t)^2$. В частном случае работы каскада при его первоначальном заполнении однородной смесью с природными концентрациями, очевидно, что почти весь первый временный слой будет повторять нулевой. Отличия появляются только на ступенях каскада, на которых выполняются условия (3), (4).

Вид условий (3), (4) требует знания градиентов концентраций на соответствующих ступенях $\left(\text{односторонних производных } \frac{\partial c_i^+}{\partial s} \text{ и } \frac{\partial c_i^-}{\partial s}\right)$ для вычисления которых можно воспользоваться различными интерполяционными разложениями. Практические расчеты показали, что удовлетворительные результаты дают следующие представления односторонних производных в узле сетки с номерами n и m:

$$\frac{\partial c_i^+}{\partial s} = \frac{2c_{i,m+3}^n - 9c_{i,m+2}^n + 18c_{i,m+1}^n - 11c_{i,m}^n}{6\Delta s} + 0\left((\Delta s)^3\right) \tag{10}$$

$$\frac{\partial c_i^-}{\partial s} = \frac{-2c_{i,m-3}^n + 9c_{i,m-2}^n - 18c_{i,m-1}^n + 11c_{i,m}^n}{6\Delta s} + 0\left((\Delta s)\right)^3$$

Метод 1 на наш взгляд обладает следующими достоинствами:

— используется явная схема расчета, причем, сами вычисления достаточно просты, а их количество на каждом временном слое невелико;

— шаг интегрирования Δt достаточно велик и является величиной порядка Δs, если это сравнить с явным одношаговым методом, для которого $\Delta t < (\Delta s)^2$, то ясно, что при $\Delta s \ll 1$ преимущество метода значительно;

— численные эксперименты по выявлению области устойчивости метода показали, что на его устойчивость слабо влияют различные параметры каскада, т.е. метод пригоден и в равной мере эффективен в широком диапозоне исследуемых задач.

Метод 2 основан на замене производных по пространственной переменной, входящих в систему (1), конечно-разностными соотношениями. Это приводит систему (1) с начально-граничными условиями к системе обыкновенных дифференциальных уравнений с многоточечными граничными условиями. Для последних же, как известно, разработаны многочисленные численные методы решения [9, 10]. Среди них нами выбран, как наиболее эффективный в данном случае, метод степенных рядов второго порядка. Вследствии того, что получаемые уравнения нелинейны и аналитических решений не имеют, оценки устойчивости и сходимости проводились методом численных экспериментов. Полученные результаты дают возможность априорно оценивать порядок аппроксимации и область устойчивости метода.

Покроем область интегрирования прямыми, параллельными временной оси

$$\omega = \{s_m, t\}, \quad s_m = s_{m-1} + \Delta s, \quad m = 1, 2, \ldots N$$

Производя замену частных производных по пространственной переменной в промежуточныхточ ках центральными конечными разностями

$$\left.\begin{aligned} \frac{\partial c_{i,m}}{\partial s} &= \frac{c_{i,m+1} - c_{i,m-1}}{2\Delta s} + 0\left((\Delta s)^2\right) \\ \frac{\partial^2 c_{i,m}}{\partial s^2} &= \frac{c_{i,m+1} - 2c_{i,m} + c_{i,m-1}}{(\Delta s)^2} + 0\left((\Delta s)^2\right) \end{aligned}\right\} \tag{11}$$

а в точках стыков и на концах каскада односторонними производными

$$\left.\begin{aligned} \frac{\partial c_{i,m}^+}{\partial s} &= \frac{-3c_{i,m} + 4c_{i,m+1} - c_{i,m+2}}{2\Delta s} + 0\left((\Delta s)^2\right) \\ \frac{\partial c_{i,m}^-}{\partial s} &= \frac{3c_{i,m} - 4c_{i,m-1} + c_{i,m-2}}{2\Delta s} + 0\left((\Delta s)^2\right) \end{aligned}\right\} \tag{12}$$

относительно шаблонных функций $c_{i,m}$, получим систему обыкновенных дифференциальных уравнений:

$$\frac{dc_{i,m}}{dt} = f_i(c_{i,m-1}; c_{i,m}; c_{i,m+1}) \tag{13}$$

которую будем решать методом степенных рядов второго порядка при автоматическом выборе шага интегрирования. Из условия $\left|\frac{1}{6}\frac{\partial^3 f_i}{\partial t^3}(\Delta t)^3\right| < \tilde{\varepsilon}$ оценивая локальную ошибку шага, выбираем шаг по времени Δt. Это дает возможность интегрировать систему (13) с максимально возможным шагом по времени, сохраняя неизменной локальную ошибку решения на каждом шаге. В этом случае [11], методом интервальных оценок можно оценить верхнюю и нижнюю грани ошибки всего решения в целом. Численные эксперименты показали, что использованный метод аппроксимирует решение (1) со вторым порядком по пространственной переменной. При $\Delta s \to 0$ система становится жесткой и область устойчивости сужается, однако, уменьшение Δt по сравнению с линейным законом $\Delta t \sim \Delta s$ незначительно.

Метод 2 на наш взгляд обладает следующими достоинствами:

— использованная схема позволяет автоматически регулировать шаг интегрирования по времени Δt при постоянной локальной ошибке на шаге, величина Δt — порядка Δs;

— по величине локальной ошибки на шаге можно оценить точность решения системы (13) на всем промежутке интегрирования;

— использованная схема позволяет избежать стартовых процедур;

— численные эксперименты по выявлению области устойчивости метода, показали, что на его устойчивость, как и в методе 1, слабо влияют различные параметры задачи.

Описанные методы могут быть использованы для исследования наиболее важных переходных процессов в каскадных установках при условии стационарности газо- и гидродинамики. Почти всегда наиболее трудным случаем является расчет каскадов, имеющих устройства обращения фаз. Данные методы достаточно эффективно работают и в этом случае без ограничения на величины задержек вещества в этих устройствах.

Оба предлагаемых здесь метода расчета*) были применены нами для исследования переходных процес-

*) результаты расчета, полученные с помощью обоих методов практически совпали

сов в прямоугольно-секционированном каскаде, каждая их секций которого представляла собой колонну для разделения изотопов кислорода методом низкотемпературной дистилляции окиси азота. Смесь предполагалась трехкомпонентной с концентрациями компонентов, равными концентрациям изотопов кислорода в природной смеси: $c_1 = c(^{18}O) = 0{,}0024$, $c_2 = c(^{17}O) = 0{,}00037$, $c_3 = c(^{16}O) = 0{,}99759$. Схема каскада приведена на рис. I. Параметры каскада имеют следующие значения: $W = 3{,}82 \cdot 10^{-3} \frac{\text{моль}}{\text{c}}$; $P = 3{,}8 \cdot 10^{-6} \frac{\text{моль}}{\text{c}}$; $F = P + W = 3{,}824 \cdot 10^{-3} \frac{\text{моль}}{\text{c}}$; $L_W = 5{,}4 \cdot 10^{-2} \frac{\text{моль}}{\text{c}}$; $L_1 = 5{,}8 \cdot 10^{-2} \frac{\text{моль}}{\text{c}}$; $L_2 = 2{,}1 \cdot 10^{-2} \frac{\text{моль}}{\text{c}}$; $L_3 = 5{,}8 \cdot 10^{-3} \frac{\text{моль}}{\text{c}}$; $E_W = E_1 = E_p = 0{,}42$ моль; $E_2 = 0{,}15$ моль; $s_W = 183$; $s_1 = 67$; $s_2 = 300$; $s_3 = 433$; $H_1 = 1{,}44$ моль; $H_2 = 0{,}36$ моль; $H_3 = 0{,}075$ моль; $-\varepsilon_{32} = -\varepsilon_{23} = 0{,}017$; $\varepsilon_{31} = -\varepsilon_{13} = 0{,}034$; $\varepsilon_{21} = \varepsilon_{12} = 0{,}017$. Здесь W, F, P, L, G — потоки отвала, питания, отбора, жидкой и газообразной фаз; $H, E,$ — задержки вещества на ступенях колонн и в емкостях обращения фаз; s — числа ступеней в секциях.

Параметры каскада подобраны таким образом, чтобы в стационарном состоянии в потоке отбора P получался продукт с концентрацией изотопа ^{18}O, равной 0,95.

Численному анализу подлежали следующие вопросы.

Во-первых, поскольку процесс принадлежит к двухфазным методам разделения необходимо знать в какой мере на динамику накопления изотопов влияет наличие устройств обрашения фаз. Во-вторых, необходимо детальное исследование переходных концентрационных характеристик на конце каскада (точке ведения отбора, $S = 983$). Одновременно с этим важно проследить каким образом происходит накопление промежуточного компонента. Такое исследование может помочь в выборе способа получения этого компонента.

Для того, чтобы система уравнений, описывающая нестационарные процессы, была замкнутой, к ней необходимо добавить закон, по которому происходит изменение концентраций в устройствах обращения фаз. В силу того, что величины задержек вещества в этих устройствах обычно невелики, можно предположить, что изменение концентраций на входе мгновенно распределяется по всему объему, т.е. предположить мгновенное перемешивание вещества по объему этих устройств. Математически это описывается следующей зависимостью:

$$E \frac{dc_i^E}{dt} = V(c_i - c_i^E) \qquad (14)$$

где c_i^E — средняя по объему концентрация; c_i — концентрация на входе в устройство; V — поток вещества, поступающий в устройство. Уравнение (14) представляет собой линейное дифференциальное уравнение первого порядка. Его решение имеет вид:

$$c_i^E = c_i - \exp\left(-\frac{V}{E}t\right)\int_0^t \frac{dc_i}{d\tau}\exp\left(\frac{V}{E}\tau\right)d\tau \qquad (15)$$

На рис. 2 показано расчитанное значение величины $\frac{dc_i^{E_p}}{dt}$ в испарителе E_p (см. рис. 1) для случая, когда продукт из каскада не отбирается ($P = 0$). Это устройство представляет наибольший интерес, т. к. из него осуществляют отбор продукта и время смены вещества в нем $t_E = \frac{E_p}{L_3} = 73$ сек является наибольшим. Из рисунка видно, что концентрации c_i^E имеют наибольшие скорости изменения для крайних по массовым числам компонентов. Максимумы величин $\left|\frac{dc_i^E}{dt}\right|$ приходятся на время, приблизительно равное пяти-шести суткам от начала запуска. В дальнейшем они стремятся к нулю, причем, по истечении интервала времени, равного 30 суткам, можно говорить о том, что между последней ступенью каскада и устройством E_p достигается концентрационное равновесие. В дальнейшем процессы, протекающие в устройстве E_p (как и во всех остальных устройствах, т.к. они релаксируют значительно быстрее, чем E_p) не оказывают влияния на процессы переноса изотопов в каскаде.

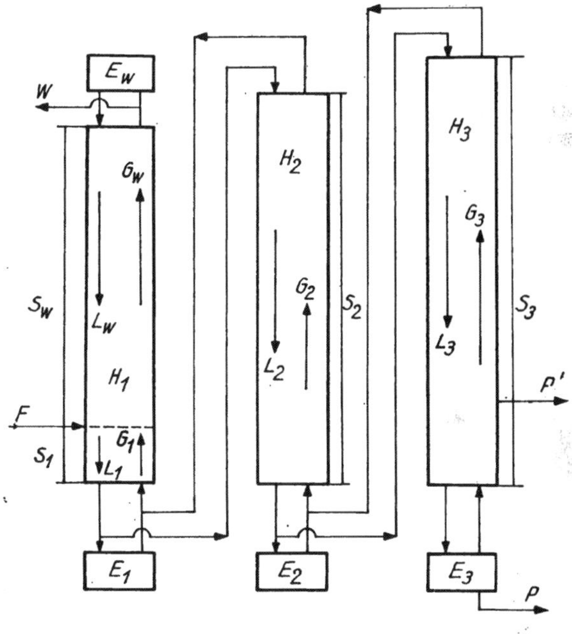

Рис. 1. Схема потоков в каскаде колонн

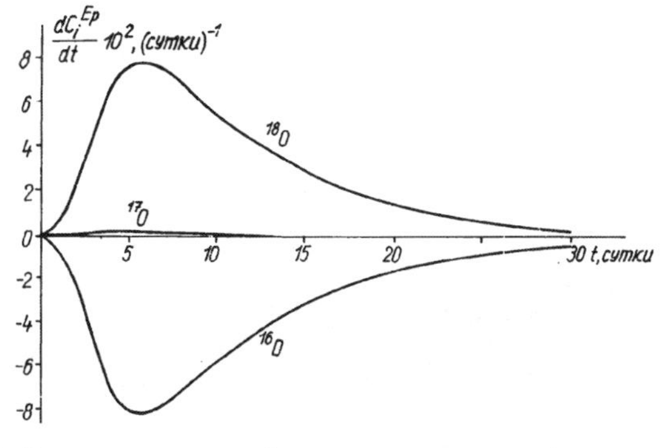

Рис. 2. Зависимость скоростей изменения концентраций от времени в устройстве обращения фаз E_p

Для того, чтобы проанализировать переходные характеристики в точке ведения отбора рассматривались следующие варианты работы каскада: работа без отбора продукта при постоянных потоках питания и отвала; работа при постоянных потоках отбора, питания и отвала. Результаты соответствующих расчетов представлены на рис. 3, из которого следует, что более длительным является переходный период для случая, когда каскад с самого начала работает с потоками отбора, питания и отвала. Величина этого периода значительно превышает 100 суток, тогда как безотборному режиму соответствует интервал времени 50—60 суток. Больший интерес представляет режим работы каскада с отвалом и без отбора. В этом случае концентрация изотопа ^{18}O быстро, приблизительно за 30 суток, достигает своего расчетного значения 0,95 и в дальнейшем, превышая его, приближается почти к 100% обогащению. Это говорит о том, что такой режим должен быть использован в целях наискорейшего получения продукта с заданным обогащением выделяемого компонента.

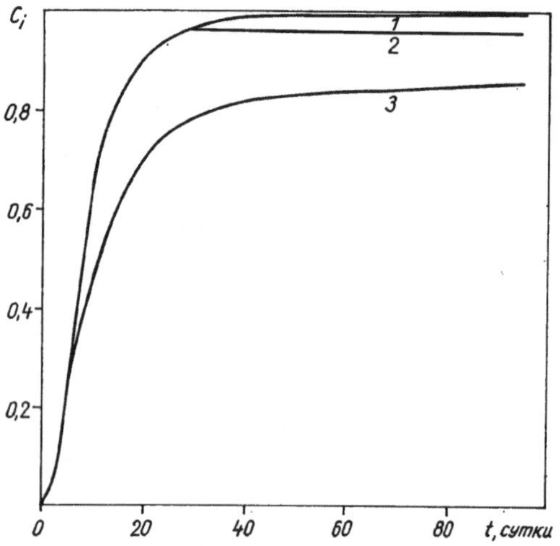

Рис. 3. Зависимость концентрации компонента ^{18}O от времени в точке отбора
1 — $P = 0$, $W = 3{,}82 \cdot 10^{-3}$ моль/с; 2 — $W = 3{,}82 \cdot 10^{-3}$ моль/с, $P = 0$ при $t < 30$ суткам, $P = 3{,}8 \cdot 10^{-6}$ при $t \geq 30$ суток; 3 — $W = 3{,}82 \cdot 10^{-3}$ моль/с, $P = 3{,}8 \cdot 10^{-6}$ моль/с

Рассмотрим рис. 4, на котором представлено распределение концентраций изотопа ^{18}O вдоль каскада в различные моменты времени для вышеупомянутого режима. Оказывается, что здесь кривая, соответствующая $t = 30$ суток, практически совпадает со стационарным распределением концентрации для каскада, работающего с отбором и отвалом. Если же в этот момент времени произвести включение отбора, то в дальнейшем распределение концентрации вдоль каскада изменятьса не будет (см. также кривую 2 на рис. 3). Имея в виду результаты, приведенные на рис. 2, можно отметить, что интервал времени, равный 30 суткам, повидимому, является минимальным для получения изотопа ^{18}O с расчетным обогащением при данных параметрах каскада.

На рис. 5 представлены результаты аналогичных исследований для компонента смеси, содержащего ^{17}O. Здесь максимум обогащения приходится на промежуточные ступени каскада. В режиме без отбора и с постоянным потоком отвала на протяжении длительного промежутка времени величина максимума постоянно меняется и его положение постепенно перемещается в сторону отвальной секции. Оказывается, что и здесь при $t = 30$ суток положение максимума приходится на те же ступени, что и в стационарном режиме работы с отбором. Если за начало отчета

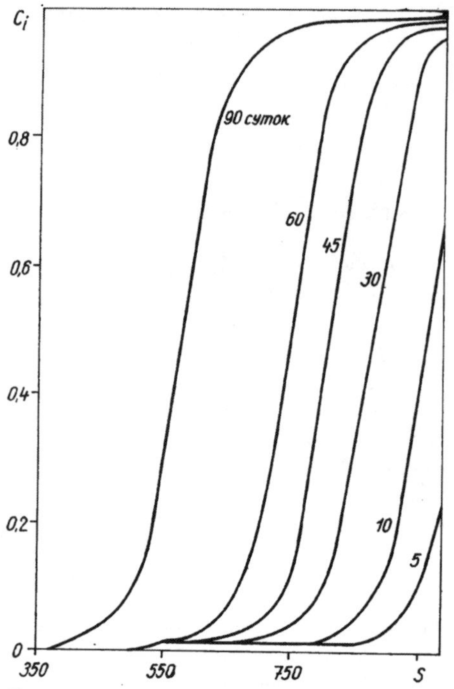

Рис. 4. Распределения концентрации компонента ^{18}O вдоль каскада в различные моменты времени
$W = 3{,}82 \cdot 10^{-3}$ моль/с, $P = 0$

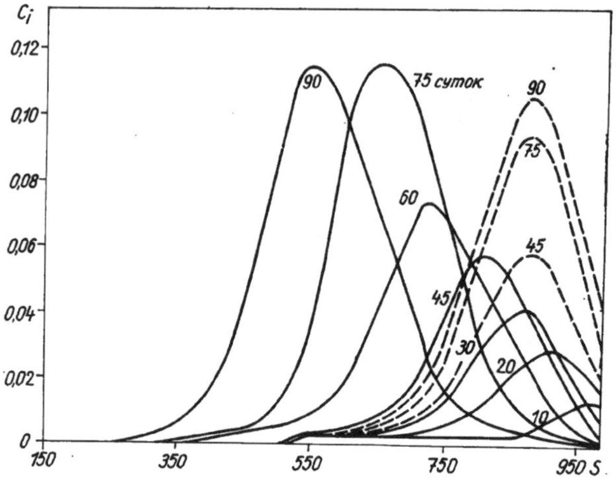

Рис. 5. Распределение концентрации компонента ^{17}O вдоль каскада в различные моменты времени
—— $W = 3{,}82 \cdot 10^{-3}$ моль/с; $P = 0$; - - - $P = 0$ при $t < 30$ суток, $P = 3{,}8 \cdot 10^{-6}$ моль/с при $t \geq 30$ суток

ступеней принять точку вывода отвального потока, то этот максимум приходится примерно на 865 до 870 ступень. Включение потока отбора в этот момент времени приводит к тому, что величина максимума концентрации начинает монотонно расти, причем, его пространственное положение слабо меняется. Скорость роста концентрации в этом случае превосходит скорость для каскада, работающего с потоками отбора и отвала.

То, что максимум концентрации в данном случае фиксируется на определенных ступенях каскада обеспечивает возможность получения продукта с относительно высокими концентрациями изотопа ^{17}O уже в данные моменты времени. Такой продукт, например, может быть использован для дальнейшего разделения в целях получения высокообогащенного изотопа ^{17}O. На рис. 6 приведены результаты соответствующих расчетов, когда отбор $P' = 0{,}58 \cdot 10^{-6}$ моль/с осуществляется на 870 ступени каскада одновременно с основным отбором. Из рисунка видно, что наличие этого отбора не вносит сильных возмущений, так что максимум концентрации смещается лишь незначительно от ступени каскада, с которой ведется отбор. Здесь же для сравнения показаны распределения концентраций, соответствующие работе без дополнительного отбора.

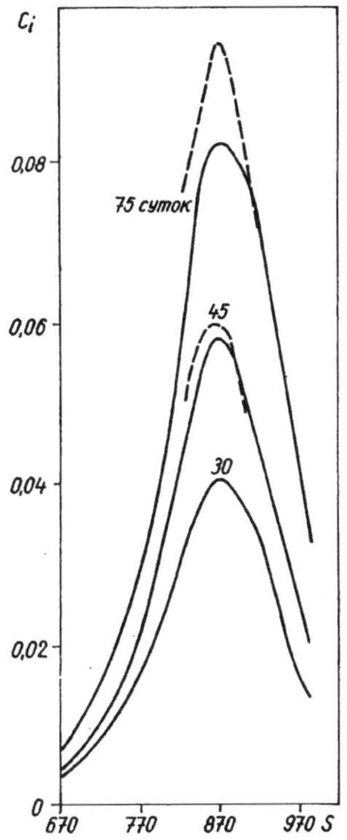

Рис. 6. Зависимость концентрации компонента ^{18}O вдоль каскада в различные моменты времени
- - - $W = 3{,}82 \cdot 10^{-3}$ моль/с, $P = 0$ при $t < 30$ суток, $P = 3{,}8 \cdot 10^{-6}$ моль/с при $t \geq 30$ суток; —— $P = 3{,}8 \cdot 10^{-6}$ моль/с, $P' = 0{,}58 \cdot 10^{-6}$ моль/с

В заключении отметим, что описанные в работе. алгоритмы могут быть эффективно использованы для моделирования в приближении стационарной газо- и гидродинамики наиболее важных переходных процессов в каскадных установках для разделения многокомпонентных изотопных смесей.

Поступила в редакцию 11/XI, 1981 г

Литература

[1] *Р. Я. Кучеров, В. П. Миненко*, Атомная энергия **19** (1965) 360
[2] *Г. Л. Парцахашвили*, Сообщения АН ГССР 41 (1966) 89
[3] *И. А. Веренинов, Ю. В. Ракитский*, Атомная энергия 32 (1972) 499
[4] *K. Higashi*, J. Nucl. Sci. and Technol. **12** (1975) 243
[5] *Н. И. Лагунцов, Е. В. Левин, Г. А. Сулаберидзе*, ИФЖ, XXXI (1976) 506
[6] *Ю. В. Ракитский*, Новые численные методы решения систем обыкновенных дифференциальных и разностных уравнений, сб. „Теория и техника вычислительных устройств", Труды ЛПИ (1973) 332, 88
[7] *П. Роуч*, Вычислительная гидродинамика, „Мир", М. 1980
[8] *E. Du Fort, S. Frankel*, Math. Tables and other aids of computation 7 (1953) 135
[9] *Н. С. Бахвалов*, Численные методы, „Наука", М 1973
[10] *Х. Штеттер*, Анализ методов дискретизации для обыкновенных дифференциальных уравнений, „Мир", М. 1978
[11] *R. E. Moore*, Interval Analysis, Englewood Cliffs, Prentice Hall. 1966

Uranium Isotope Fractionation Occurred in Anion Exchange Chromatography Using Uranyl Acetate and Uranyl Citrate Complexes

R. Goda, Y. Sakuma, Y. Fujii, M. Okamoto

(Research Laboratory for Nuclear Reactors, Tokyo Institute of Technology[1])

An ideal displacement chromatographic migration of uranium has been accomplished on an anion exchange resin column using uranyl acetate and uranyl citrate complex formations, respectively. Uranium isotope fractionation occurred in the anion exchange chromatography was measured by isotopic analysis and the direction of isotope enrichment was confirmed to be same as the direction observed in cation exchange chromatographies.
The magnitudes of the isotope effect obtained were discussed by comparison with those obtained by cation exchange chromatographic processes.

Keywords

chromatography; ion exchange; isotope effects; isotope separation; uranium isotopes; uranyl complexes

Introduction

As has been reported in previous papers [1—4], the lighter isotope of uranium ^{235}U is preferentially retained in uranyl carboxylate complexes in the cation exchange chromatographic processes. This trend has been explained by spectroscopic studies of Raman and infrared spectra of uranyl species in aqueous solution [2, 3], and the results indicate that the reduced partition function ratio of hydrated uranyl ion is larger than those of uranyl acetate complexes, uranyl fluoride and uranyl citrate complex, and that the magnitude of the isotope effect increases as decrease of O=U=O bond strength, which is reduced by complex formation of uranyl ion with the ligands.

[1]) Address: Meguro-Ku, Tokyo 152, Japan

In the present work, the trend was confirmed experimentally by means of anion exchange chromatography of uranyl acetate and uranyl citrate.

Experimental

Anion exchange resin used was a strongly basic high-porous type anion exchange resin A-139 (100–200 meshes) supplied by Asahi Chemical Industry. The resin column and other equipments were same as described in a previous paper [1]. The resin packed in the Pyrex glass column (200 cm height, 1 cm diameter) was conditioned to convert to acetate form with 1 mol dm^{-3} ammonium acetate solution. After washing the resin with 0.03 mol dm^{-3} acetic acid solution, uranyl acetate solution was fed to form a uranium band of appropriate length.

The uranyl acetate solution was obtained by eluting a cation exchange resin column of uranyl form with ammonium acetate solution. Afterward, 0.3 mol dm^{-3} nitric acid was introduced to the column as an eluent with a constant flow rate controlled by use of a pelistaltic pump. The uranium band began to move down, attained an equilibrium length and then continued displacement migration. The efluent from the column was collected in fractions. The concentration of uranium in these fractions were determined by a colorimetric method and the isotopic analysis was carried out using a Varian MAT CH-5 mass spectrometer. In the case of citrate, the same procedures were carried out using ammonium citrate and citric acid. Experimental conditions are summarized in Tab. 1, containing the elemental separation coefficients obtained. The elemental separation coefficient (ε) was calculated by the same way described in the previous paper [1].

Tab. 1. Experimental conditions and isotope effect obtained (ε)

	Uranyl acetate system	Uranyl citrate system
Resin	A-139	A-139
(form)	(acetate)	(citrate)
Loading solution	0.03 mol dm^{-3} uranyl acetate, acetic acid	0.05 mol dm^{-3} uranyl citrate, citric acid
Eluent	0.3 mol dcm^{-3} nitric acid	0.29 mol dcm^{-3} niric acid
(pH)	(0.6)	(0.6)
Migration velocity	4.7 cm/h	5.0 cm/h
Temperature	25 °C	25 °C
Elemental separation coefficient (ε)	0.27×10^{-4}	0.12×10^{-5}

Results and discussion

The displacement chromatograms obtained are illustrated in Fig. 1 and Fig. 2 for acetate and for citrate case, respectively, containing the results of isotopic analysis. Clear from these figures, isotopic plateau displacement chromatography [5], can be accomplished in the anion exchange chromatographic system similarly to the cation exchange chromatography described in the previous papers. A series of reactions take place in these chromatographies. At rear boundary of the uranium band, uranyl acetate complexes in the resin phase are exchanged with NO_3^- ions of

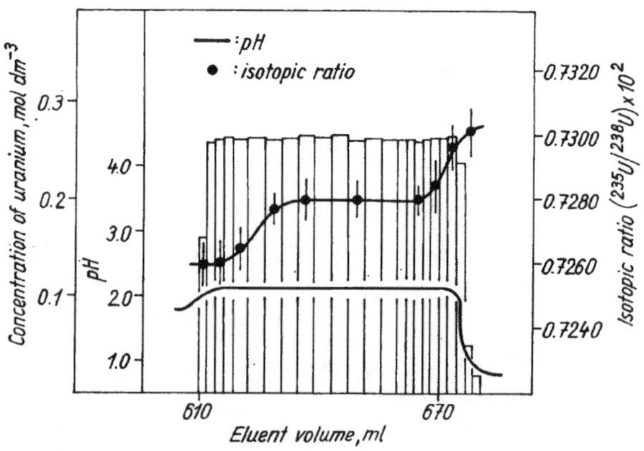

Fig. 1. Chromatogram and isotopic ratios for uranyl acetae system

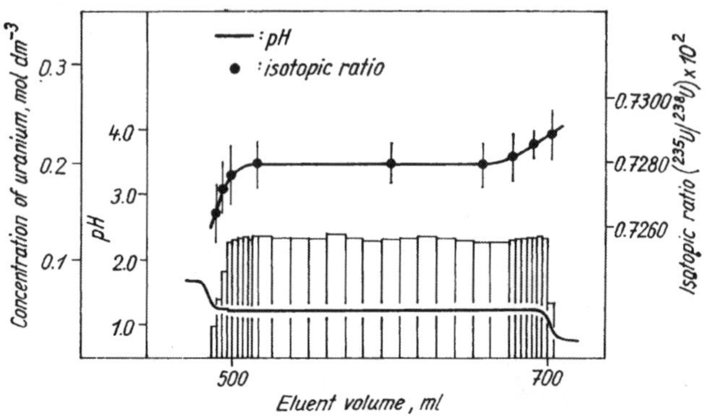

Fig. 2. Chromatogram and isotopic ratios for uranyl citrate system

the eluent, and the eluted uranyl acetate complexes were dissociated by H^+ ion in the external solution phase and form lower stage complexes. Considering the present experimental conditions, these reactions can be expressed as follows.

$$\overline{UO_2Ac_3^-} + NO_3^- + H^+ = UO_2Ac_2 + \overline{NO_3^-} + HAc$$

$$\overline{UO_2Ac_3^-} + 2\,NO_3^- + 2\,H^+ = UO_2Ac^+ + \overline{2\,NO_3^-} + 2\,HAc$$

where Ac represents acetate anion and $\overline{}$ the species in the resin phase.

At the front boundary of the uranium band, uranyl acetate complexes, which were eluted and dissociated at the rear boundary, associate with acetate anions in the resin phase to form higher stage complexes of negative or neutral, and they are absorbed in the resin again. These reactions can be expressed as follows.

$$UO_2Ac_2 + \overline{Ac^-} = \overline{UO_2Ac_3^-}$$

$$UO_2Ac^+ + \overline{Ac^-} = \overline{UO_2Ac_2}$$

According to the stability constants of the uranyl complexes and the dissociation constant of acetic acid [6], the reactions tend to the right, resulting in a displacement migration of uranium band with sharp boundaries in the rear and front part.

At the same time, when the reactions take place in the column, isotopic exchange reactions also take place in uranium band, between the uranyl species. According to the Two Phases Distribution Theory of Isotopes [7], the main reactions may be as follows.

$$\overline{{}^{238}UO_2Ac_3^-} + {}^{235}UO_2Ac_2 = \overline{{}^{235}UO_2Ac_3^-} + {}^{238}UO_2Ac_2$$

$$\overline{{}^{238}UO_2Ac_3^-} + {}^{235}UO_2Ac^+ = \overline{{}^{235}UO_2Ac_3^-} + {}^{238}UO_2Ac^+$$

In the case of citrate, the reactions which correspond to those of the acetate case can be expressed as follows. At the rear boundary of the uranium band,

$$\overline{(UO_2)_2Cit_2^{2-}} + 2\,NO_3^- + 2\,H^+ = \overline{2\,NO_3^-} + 2\,UO_2Ci + H_2Cit$$

(ion exchange and dissociation reactions).

At the front boundary of the uranium band,

$$2\,UO_2Cit + \overline{Cit^{-2}} + 2\,H^+ = \overline{(UO_2)_2Cit_2^{2-}} + H_2Cit$$

(association reaction to form higher stage complex and absorption reaction), where Cit represents citrate anion. The reactions also proceed to the right in accordance with the stability constants of the uranyl citrate complexes and the dissociation constant of citric acid. In this case also, isotopic exchange reaction takes place in uranium band and it can be expressed as follows.

$$\overline{{}^{238}(UO_2)_2Cit_2^{2-}} + {}^{235}UO_2Cit = \overline{{}^{238}UO_2{}^{235}UO_2Cit_2^{2-}} + {}^{238}UO_2Cit$$

It is evident from the results of isotopic analysis that the equilibrium constants of the isotopic exchange reactions are larger than unity. In other words, the lighter isotope (${}^{235}U$) is enriched in the uranyl complexes of higher stage. This trend is same as observed in the cation exchange chromatographic processes. In the anion exchange chromatographic processes, the isotopic exchange reactions occurres mainly between the uranyl complex species, therefore, the magnitudes of the isotope effect (elementally separation coefficient ε) obtained are smaller than those obtained by the cation exchange chromatographic processes [1], in which the isotopic exchange reactions take place mainly between hydrated uranyl ion (UO_2^{2+}) and uranyl acetate or uranyl citrate complex. These small isotope effect can be explained as follows. In the present anion exchange chromatographic processes, we obtained the isotope effects caused from the differences of the reduced partition function ratios between UO_3Ac^+ and $UO_2Ac_3^-$ for acetate system and between UO_2Cit and $(UO_2)Cit_2^{2-}$ for citrate system, respectively. While, in the case of cation exchange chromatography, the isotope effects are caused from the differences of the reduced partition function ratios between hydrated uranyl ion (UO_2^{2+}) and UO_2Ac_2 for acetate system and between hydrated uranyl ion and $(UO_2)_2Cit_2^{2-}$ for citrate system. These relations are illustrated in Fig. 3. For further quantitative discussion on the chemical isotope effects, accurate data of the isotope fractionation and of spectroscopic measurement should be accumulated intensively.

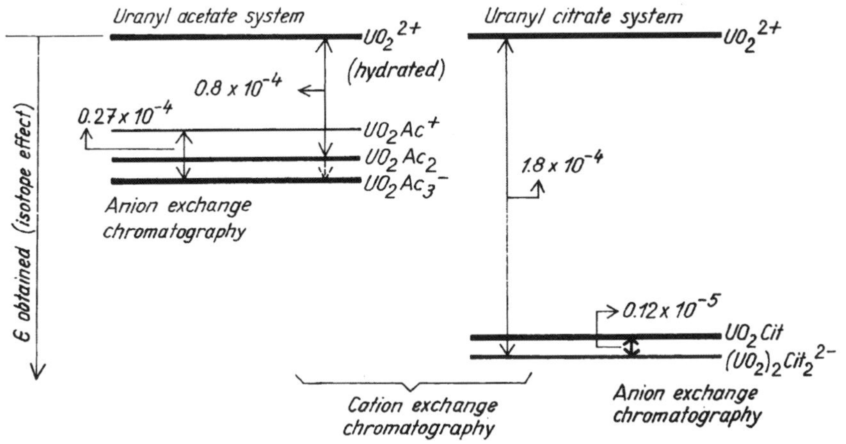

Fig. 3. Schematic comparison of isotope effects obtained by anion and cation exchange chromatography

Conclusion

On an anion exchange resin column, displacement chromatography has been accomplished using uranyl acetate or uranyl citrate solution as the loading solution and nitric acid as an eluent. The isotope fractionation was observed and the direction of isotope enrichment was confirmed to be same as observed in the cation exchange chromatographic processes, e.g. the lighter isotope (${}^{235}U$) is enriched in the uranyl complexes of higher stage. The isotope effects obtained by the anion exchange chromatography are smaller than those obtained by the cation exchange chromatography, and it is explained by the difference of the uranyl species which carry out the isotopic exchange reaction between the resin phase and the external solution phase in the column.

Acknowledgement

The authors wish to thank Mr. *M. Nomura* for his precise measurements of uranium isotope ratios.

Received October 6, 1981

References

[1] *M. Okamoto* et al., Isotopenpraxis **16** (1980) 293

[2] *Y. Tanaka* et al., J. Inorg. Nucl. Chem., **43** (1981) 3291
Y. Tanaka, Master Thesis (Tokyo Institute of Technology) 1979

[3] *Y. Tanaka* et al., J. Phys. Chem. **86** (1982) 1015
Y. Tanaka, Master Thesis (Tokyo Institute of Technology) 1979

[4] *M. Okamoto* et al., Isotopenpraxis **18** (1982) 285

[5] *Y. Sakuma* et al., Bull. Chem. Soc. Japan **53**, (180) 1860

[6] *L. G. Sillén, A. E. Martell*, Stability Constants, Spec. Publ. No. 17 (1964), and Suppl. No. 1, Spec. Publ. No. 25 (1971) The Chemical Society, London

[7] *H. Kakihana, M. Aida*, Bull. Tokyo Institute of Technology **116** (1973) 39

"Stable Isotope Mixing" — a Proposal to Analyze Stable Isotopes Using a Technique Similar to the Isotope Dilution Analysis Part III Supplementary Theoretical Treament

K. Farjo

(Chemistry Department, Nuclear Research Centre, Tuwaitha, Baghdad, Iraq)

In this work some potential fields of application of the stable isotope mixing are discussed briefly including; the stable isotope analysis of materials irrespective of their purity, the determination of a quantity of a material contained in a multi-material system; the purity determination of materials; the separation of the substance to be analyzed for the purpose of the stable isotope analysis and the analysis of practically unweighable amounts of substances. Moreover the utilization of the stable mixing for the formula weight determination; elemental analysis, molecular formula investigation and the determination of the isotope atomic weight are discussed and the application of the isotope mixing for radioactive isotopes is proposed. Related formulae for several applications are derived and a brief discussion of the proposed technique according to the expected precision is presented.

Keywords

impurities; isotope dilution; isotope ratio; mass spectroscopy; mixing

The stable isotope mixing is suggested as a technique for stable isotope analysis in the first part [1] and a brief discussion of some potential fields of its application were reported therein including several disciplines of stable isotope analysis with emphasis on high precision measurements, e.g. remarkable reduction of memory effects, which eventually occur by usual measurement regime. Furthermore it was reported [1], that the proposed technique may be applied for the determination of other characters as related to the stable isotopic composition.

The application of the proposed technique for the mass spectrometrical H- and N-stable isotope analysis was verified in the subsequent publication [2]. The latter results showed, that the proposed technique makes the mass spectrometrical H/D-analysis accessable among the whole range of D-abundance (natural water — $\sim$98 mol% D_2O), therefore a natural water standard was sufficient for the H/D-analysis among such abundance range and the analyses were performed in only one instrument. Thus the stable isotope mixing may be applied for problems, which are very difficult or practically impossible to be treated otherwise.

In the present work some potential fields of application of the proposed technique are discussed and several formulae are derived according to the fundamental relations given in [1]. For the purpose of representation of the potential applications discussed in this work, the same hypothetical example mentioned earlier [1] is used here: the symbols "a" and "d" are refered to the unknown and diluent component respectively. Both a and d contain the element X, consisting of the isotopes X_1 and X_2.

1. Stable isotope analysis of materials irrespective of their purity

Most likely, the stable isotope mixing could be applied for carrying out high precision stable isotope analysis of materials irrespective of their purity, since its application will generally cause no isotope effects, which produce uncertain changes of the isotopic composition of the substance to be analyzed during the course of analysis. However the application of the stable isotope mixing is in some cases advantageous, particularly because the purity of the substance, on which stable isotope analysis is carried out, is sometimes considered as a limiting factor for the precision of the performed analysis. This is attributed to the fact that the impurities contained in the substance to be analyzed may lead to practically unmeasureable isotope effects during the course of analysis. In this regard it is expected that the higher the purity of the substance to be analyzed the higher is the precision. A wellknown example to be mentioned is the mass spectrometrical H/D-analysis of highly mineralized waters. On the other hand it is preferable to carry out stable isotope analysis, as far as possible, immediately on the substance to be analyzed as it exists, hence in general it is not recommended to purify it, because purification and similar operations may cause, very difficult to measure isotope effects. Accordingly measures have to be undertaken to minimize the consequences of isotope effects, which are produced during the course of analysis by the impurities present in the substance to be analyzed. Thus the application of the proposed technique for stable analysis of impure materials, especially for those as described above, seems to be a simple way to make such materials accessible for stable isotope analysis independent of their purity.

For the purpose of application of the stable isotope mixing for the determination of the stable isotopic composition of impure materials several mixtures (not less than two) are to be prepared according to [1] in case that the content of impurities present in the substance to be analyzed is unknown. However the preparation of one mixture may be sufficient if the content of impurities present therein is known. Consequently the stable isotopic composition, expressed as X_1-relative abundance, of the prepared mixtures is to be determined experimentally. The stable isotopic composition of the analyzed substance may be calculated as X_1-relative part in mass % or relative abundance in atom % according to the equation follows:

$$G_{1a} = \frac{w_1wd_2\,G_{1m1}(G_{1d} - G_{1m2}) - w_2wd_1G_{1m2}(G_{1d} - G_{1m1})}{w_1wd_2\,(G_{1d} - G_{1m2}) - w_2wd_1(G_{1d} - G_{1m1})} \quad (1)$$

$$n_{1a} = \frac{w_1wd_2n_{1m1}(n_{1d} - n_{1m2}) - w_2wd_1n_{1m2}(n_{1d} - n_{1m1})}{w_1wd_2(n_{1d} - n_{1m2}) - w_2wd_1(n_{1d} - n_{1m1})} \quad (2)$$

where:

G_{1a}: X_1-relative part [mass %] in the unknown
G_{1d}: X_1-relative part [mass %] in the diluent
G_{1m1}: X_1-relative part [mass %] in the mixture 1
G_{1m2}: X_1-relative part [mass %] in the mixture 2
n_{1a}: X_1-relative abundance [atom %] in the unknown
n_{1d}: X_1-relative abundance [atom %] in the diluent
n_{1m1}: X_1-relative abundance [atom %] in the mixture 1
n_{1m2}: X_1-relative abundance [atom %] in the mixture 2
w_1: quantity of the unknown [mass unit] in the mixture 1
w_2: quantity of the unknown [mass unit] in the mixture 2
wd_1: quantity of the diluent [mass unit] in the mixture 1
wd_2: quantity of the diluent [mass unit] in the misture 2

2. Determination of the quantity of a material in a multi-material system

Similar to equations 1 and 2 above, it is simple to obtain a relation with which the quantity of a material in a multi-material system may be determined, the material however has to contain at least one element (let it be X) consisting of more than one stable isotope. Therefore the X-stable isotopic composition (expressed as X_1-relative part or abundance) is to be determined. Then a mixture has to be prepared in accordance to [1] using a suitable diluent and the X_1-relative part or abundance of the prepared mixture will be determined. The unknown quantity of the material above is correspondingly given by the equations:

$$q_a = \frac{wd(G_{1d} - G_{1m})}{G_{1m} - G_{1a}} \quad (3)$$

and

$$q_a = \frac{vwd(n_{1d} - n_{1m})}{y(n_{1m} - n_{1a})} \quad (4)$$

by

$$v = 100M_2 + n_{1a}(M_1 - M_2) \quad (5)$$

$$y = 100M_2 + n_{1d}(M_1 - M_2) \quad (6)$$

where

q_a = quantity of the material a [mass unit]
M_1 = molecular or formula weight of the substance to be analyzed assuming pure X_1-isotope molecule
M_2 = molecular or formula weight of the substance to be analyzed assuming pure X_2-isotope molecule.

However if the X_1-relative abundance of the material of unknown quantity is experimentally inaccessible, then at least two mixtures are to be prepared according to [1] and the X_1-relative abundance of the prepared mixtures is to be determined. Below q_a could be formulated by:

$$q_{a1} = \frac{w_2wd_1(G_{1d} - G_{1m1}) - w_1wd_2(G_{1d} - G_{1m2})}{w_2(G_{1m1} - G_{1m2})} \quad (7)$$

and

$$q_{a1} = \frac{w_2wd_1z(n_{1d} - n_{1m1}) - w_1wd_2s(n_{1d} - n_{1m2})}{w_2y(n_{1m1} - n_{1m2})} \quad (8)$$

by

$$s = 100M_2 + n_{1m1}(M_1 - M_2) \quad (9)$$

$$z = 100M_2 + n_{1m2}(M_1 - M_2) \quad (10)$$

q_{a1}: quantity of the material a [mass unit] in the mixture 1

3. Determination of the purity of materials

According to sections 1 and 2, it is obvious that the proposed technique is most likely suitable to be applied for the determination of purity of materials. For this purpose, mixtures are to be prepared according to [1] and in the same manner mentioned in the previous section 2. The quantity of the impurities present in the material may therefore be calculated using the following equations:

$$I = \frac{w(G_{1m} - G_{a1}) - wd(G_{1d} - G_{1m})}{G_{1m} - G_{1a}} \quad (11)$$

and

$$I = \frac{yw(n_{1m} - n_{1a}) - vwd(n_{1d} - n_{1m})}{y(n_{1m} - n_{1a})} \quad (12)$$

where

I: quantity of the impurities [mass unit] present in the material a

However, in the case that the stable isotope analysis of the material to be analyzed is inaccessible, consequently more than one mixture will be then required for the determination of quantity of impurities present therein. Therefore, I could be represented by the following equation:

$$I_1 = \frac{w_1w_2(G_{1m1} - G_{1m2}) - w_2wd_1(G_{1d} - G_{1m1}) + w_1wd_2(G_{1d} - G_{1m2})}{w_2(G_{1m1} - G_{1m2})} \quad (13)$$

and

$$I_1 = \frac{w_1w_2y(n_{1m1} - n_{1m2}) - w_2wd_1z(n_{1d} - n_{1m1}) + w_1wd_2s(n_{1d} - - n_{1m2})}{w_2y(n_{1m1} - n_{1m2})} \quad (14)$$

I_1: quantity of impurities [mass unit] present in the amount of the material a which is contained in the mixture 1.

4. Separation of the substance to be analyzed

The stable isotope analysis is in some cases very difficult to be carried out immediately on the substance to be analyzed; various arguments are responsible therefore. Thus the existence of a substance with the one to be analyzed may affect the analysis in a way that the uncertainty of the results increases. For example the mass spectrometrical determination of the isotopic composition of an element can not be carried out in presence of another element having an isotope of the same mass number as that due to the one to be analyzed. In this manner the Rb/Sr-method of dating is considered. Accordingly the application of the stable isotope mixing in such cases seems to be a simple way to make them accessible for stable isotope analysis. Thus different quantities of a diluent are to be added to the material containing the substance to be analyzed in the same manner mentioned in [1]. The a/d-mixtures will be then separated using a suitable separation technique, and each a/d-mixture will be subjected to the stable isotope analysis. However, the application of the proposed technique herein is to be investigated carefully for each individual case both from qualitative and quantitative point of view and a related procedure of analysis is to be worked out.

5. Analysis of a substance in an unweighable form

There are cases where the substance to be analyzed is present in an unweighable form as traces. The stable isotope mixing could be applied for the determination of both quantity and isotopic composition of the substance subjected for analysis. For this purpose several mixtures should be prepared according to [1] and the isotopic composition of the prepared mixtures is to be determined experimentally. This is followed by calculation of the quantity and isotopic composition of the analyzed substance using the equations (1—4), (7) and (8).

6. Determination of formula weight

It is obvious according to the definition equations given in [1] that the proposed technique may be applied for the determination of the ratio of molecular weights for isotope molecules, which is given by the following relation:

$$\frac{M_1}{M_2} = \frac{wa(100 - n_{1d})(n_{1a} - n_{1m}) + wd(100 - n_{1a})(n_{1d} - n_{1m})}{n_{1d}w_a(n_{1m} - n_{1a}) + n_{1a}w_d(n_{1m} - n_{1d})} \quad (15)$$

where

wa: quantity of the substance to be analyzed [mass unit] having n_{1a} relative abundance of X_1

wd: quantity of the substance to be analyzed [mass unit] having n_{1d} relative abundance of X_1

The ratio above may be used for the determination of the formula weight; therefore M_1 and M_2 could by estimated as follows:

$$M_1 = \frac{C}{1 - \frac{M_2}{M_1}} \quad (16)$$

and

$$M_2 = \frac{C}{\frac{M_1}{M_2} - 1} \quad (17)$$

by

$$M_1 = M_2 + K \quad (18)$$

C may be any whole number which fullfil the conditions that both M_1 and M_2 are very close to a whole number. Moreover derivatives of the substance to be analyzed may also be prepared and utilized for formula weight determination. The preparation of the isotope mixtures for this purpose is to be carried out in accordance to [1].

The combination of the stable isotope mixing with the H-, C-, or similar elemental analysis could be a simple way for the determination of the formula weight of organic and biochemical compounds such as polymers, antibiotics etc. This combination may also be applied for the determination of the average formula weight for multi-material systems.

On the other hand it is obvious that the application of the stable isotope mixing only, may be sufficient for the determination of the formula weight for inorganic substances in general, especially those containing poly-isotopic elements of relatively large atomic weights.

7. Application of the proposed technique for elemental analysis and molecular formula investigations

In respect to equations (16) and (17), C gives the number of atoms of the element, for which stable isotope analysis is carried out, that are contained in the molecular formula of the substance to be analyzed. Thus the proposed technique may be used for the purpose of elemental analysis and accordingly for molecular formula investigations. It may even be suitable to be used for the purpose of process-control to follow up change in molecular formula, which occure according to chemical or physical changes.

8. Determination of the isotope atomic weight

Considering equations (16—18), it will be evident that,

$$\frac{M_1 - M_2}{C} = \frac{K}{C} = A_1 - A_2 \quad (19)$$

where:

A_1: atomic weight of the isotope X_1

A_2: atomic weight of the isotope X_2

Accordingly A_1 may be determined in the case that A_2 is known and vice versa.

9. Application of the proposed technique for radioisotope investigations

It is evident that the proposed technique may be used with radioactive as well as with stable isotopes. In this case it is likely possible to extend the ranges of the methods used for the measurement of radioactivity. In addition, using this technique the amounts of radioisotopes required for several applications (e.g. tracer investigations) may be reduced. Moreover the proposed technique could be applied for the determinations of several radioisotopes (in nature) produced as a result of natural or man-made processes like ^{3}H and ^{14}C. For example, the determination of tritium in a sample of extremly low T-activity may not require T-enrichment prior to the measurement if a substance of a suitable T-activity is added to the one to be analyzed in the same manner given in [1]; similarly the T-content may be determined for smaller sample-amounts than commonly practised.

On the other hand, the application of the isotope mixing for materials used for dating purposes seems to be of advantage, since it will likely enlarge the temporal range of the used dating method. Moreover it may reduce the required amount of sample for carrying out the analysis; such reduction is of particular importance because of high value of several archiological objects.

10. Precision and sources of error

Considering the definition equations reported in [1], those related in [2] and in the present work it is obvious that the precision of the analysis performed using the isotope mixing is increased by:

- increase of the difference (Δn) between n_{1a} and n_{1d}.
- increase of the quantity of both unknown and diluent.

The error due to the isotope mixing process and its consequences may be evaluated using common statistical procedures. Thus the variance due to the isotope mixing is given by the following relation:

$$\delta_{im}^2 = \delta_t^2 - (\delta_{me}^2 + \delta_{sp}^2) \quad (20)$$

where

δ_{im}^2: variance due to isotope mixing
δ_t^2: total variance
δ_{me}^2: variance due to the measurement method
δ_{sp}^2: variance due to sample preparation

On the other hand the proposed technique seems to enhance the precision of analysis as follows:

- it may make sample accessible for the high precision analysis even though if the original sample amount is too small to be used for this purpose.
- it increases the number of repititions of an analysis.

Conclusions

The stable isotope mixing as discribed in the present work seems to be a useful analytical technique. It is likely to be of advantage as compared with other techniques according to the following points:

1) It seems useful to be used for carrying out isotope analysis in several cases e.g. small sample amounts, impure samples et c.
2) It is likely suitable to be used for the determination of formula weight and other related characters especially for materials sensitive towards physical and chemical changes.
3) It may be used as a simple way for the determination of isotope atomic weight.
4) Its range of application seems to be remarkably wider as compared with the IDA.

Work in some of the above mentioned subjects is in progress; it is planned to investigate several important applications on some experimental models.

Received August 26, 1981
Accepted in revised form November 17, 1981

References

[1] *K. Farjo*, Isotopenpraxis **16** (1980) 235
[2] *K. Farjo, G. Haase*, Isotopenpraxis **16** (1980) 245

Verfahren zur optischen Darstellung der Impulshöhenverteilung in Fenstern von Einkanalanalysatoren

S. Riedel

(Zentralinstitut für Isotopen- und Strahlenforschung der Akademie der Wissenschaften der DDR)[1]

Durch Anwendung der Koinzidenztechnik, in Verbindung mit einem Einkanalanalysator (SCA — singl channel analyzer), kann der Inhalt des SCA-Fensters in seiner Impulshöhenverteilung aus dem Gesamtspektrum selektiert und optisch dargestellt werden. Eine solche Darstellung ausgeblendeter, wählbarer Spektrenbereiche, (Einzellinien, Teilspektren, Peakflanken usw.), ermöglicht die exakte Zuordnung der Teilbereiche hinsichtlich Lage, Breite, Grenzen zum Gesamtspektrum. Die erreichte hohe Trennschärfe der selektierten SCA-Fenster ist besonders für Arbeiten der energiedispersiven Koinzidenztechnik und bei der Spektrenstabilisierung von Vorteil.

Keywords

coincidence technique; impulse amplitude analysis; singl channel analysis; spectrum analysis; spectrum stabilization

1. Einleitung

Im Rahmen der kernphysikalischen Spektroskopie, insbesondere bei der Aufnahme und der informationsorientierten Weiterverarbeitung der Spektren von Zerfalls- oder Anregungsprozessen, ist es häufig notwendig, einzelne Energielinien, bzw. deren Flanken oder Spektrenteilbereiche aus einem dedektierten Gesamtspektrum zu selektieren und deren Inhalte weiterzuverarbeiten. Dazu wird ein Impulshöhenanalysator-Einkanalanalysator (SCA — singl channel analyzer) eingesetzt, mit dem im Differentialdiskriminator-Betrieb ein Fenster mit veränderlichen Schwellenwert und Fensterbreite eingestellt werden kann. Von den am SCA-Eingang anliegenden Informationen des Impulshöhenspektrum werden die in das wählbare Fenster fallenden Ereignisse in normierte Ausgangsimpulse (TTL-, NIM-Standard) gewandelt. Diese Impulse können gezählt werden, so daß als Ausgangsinformation eine Impulsanzahl erhalten wird. Bei einer Vielzahl von Messungen, mit einem SCA, besteht die Notwendigkeit, die genaue Lage und Breite des gewählten Fensters, bezogen auf das eingegebene Impulshöhenspektrum zu kennen, bzw. die Fenstergrenzen diesem Gesamtspektrum anzupassen. Das trifft insbesondere zu bei Verfahren wie:

— Auswertung von Koinzidenzexperimenten, bei denen eine Korrelation von Abregungs- oder Zerfallsereignissen verschiedener Energien vorliegt und die Aufnahme von Koinzidenzspektren dergestalt erfolgt, daß mittels des SCA-Fensters ein Korrelationspartner impulshöhenabhängig selektiert wird und die dazu koinzidenten Ereignisse spektrometriert werden. Bei der Spektrometrie mittels Halbleiterdetektoren und der damit erreichbaren hohen Energieauflösung (bis 150 eV bei Si(Li)-Detektoren), ist bei Durchführung von langzeitigen Koinzidenzexperimenten die ständige Kontrolle der Lage und Breite des SCA-Fensters und der darin eingeschlossenen Impulshöhen- bzw. Energieniveaus von maßgeblicher Bedeutung.

— Einsatz eines Spektrenstabilisators, insbesondere in der Szintillationsmeßtechnik, wobei im allgemeinen zwei impulshöhenabhängige SCA-Fenster konstanter Breite auf die Vorder- und Rückflanke eines detektierten Peaks so gelegt werden, daß sie im Gebiet des steilsten Anstiegs liegen. Die Differenz der Fensterinhalte ist die Regelgröße. Dabei ist es zur Sicherung eines großen dynamischen Regelbereiches erforderlich, die Lage der Fenster, symme-

[1]) Anschrift: 7050 Leipzig, Permoserstr. 15

trisch zur Peakmitte und die Fensterbreite in Relation zur Peakbreite und Peakform definiert zu wählen.

2. Optische Darstellung von SCA-Fensterinhalten

Der Inhalt eines wählbaren SCA-Einkanalfensters kann auf einem Display sichtbar gemacht werden, indem die Koinzidenzbedingungen für die Impulse des Gesamtspektrums und der vom SCA selektierten Impulse erfüllt werden. Wie Abb. 1 zeigt, werden von dem Impulshöhen spektrum — Gesamtspektrum am linearen Eingang des Amplituden-Digital-Konverter (ADC) — im Display nur die Ereignisse abgebildet, die mit denen durch den SCA ausgewählten, am Koinzidenzeingang des ADC innerhalb der Koinzidenzauflösungszeit τ_k ankommenden, koinzident sind. Das bedeutet, im Display des Vielkanalanalysators (MCA — multi-channel-analyzer) wird impulshöhenselektiv nur der Spektrenbereich des Gesamtspektrums abgebildet, der durch das SCA-Fenster abgegrenzt wird. Durch Variation des Schwellenwertes E_1 kann das Fenster wählbarer Breite ΔE_1 über das Gesamtspektrum geführt werden Durch die optische impulshöhenbezogene Darstellung des Fensterdurchlasses und der Möglichkeit des MCA, den Fensterinhalt kanalweise ausdrucken zu lassen, kann die Trennschärfe für die Lage und Breite des Fensters bis auf ± 1 Kanal erzielt werden.

In Abb. 2, dem Blockschaltbild einer Spektrenstabilisierung für Szintillationstechnik, wird dargestellt, wie der Inhalt der beiden einstellbaren SCA-Fenster durch aufeinanderfolgende Messungen, als Teilspektren des Gesamtspektrums, auf einem Display optisch sichtbar registriert werden kann. Durch die MCA eigene Technik (z. B. NTA 1024) des Doppelns, können im Display sowohl ein Gesamtspektrum als auch das selektierte SCA-Teilspektrum untereinander dargestellt und somit direkt verglichen werden.

Der Einsatz einer Koinzidenzschaltung verlangt die zeitliche Anpassung der Impulse an den Koinzidenzeingängen dergestalt, daß zwei wahre, vom Ursprung gleiche Ereignisse, auch innerhalb der Koinzidenzauflösungszeit τ_k gleichzeitig ankommen. Dieses Kriterium der Gleichzeitigkeit innerhalb τ_k wird erreicht, durch Zuschalten geeigneter Verzögerungseinheiten (Abb. 1) (Delay), die im µs-Bereich arbeiten.

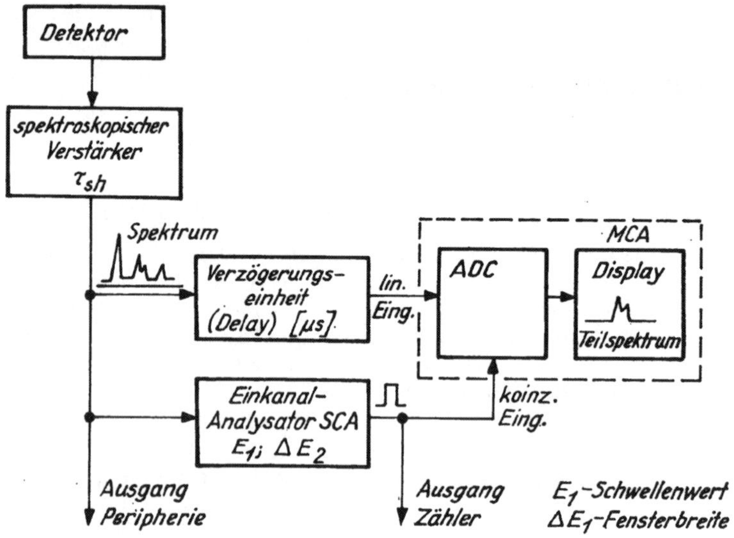

Abb. 1. Blockschaltbild — Optische Darstellung des Fensterinhaltes E_1 — Schwellenwert; ΔE_1 — Fensterbreite

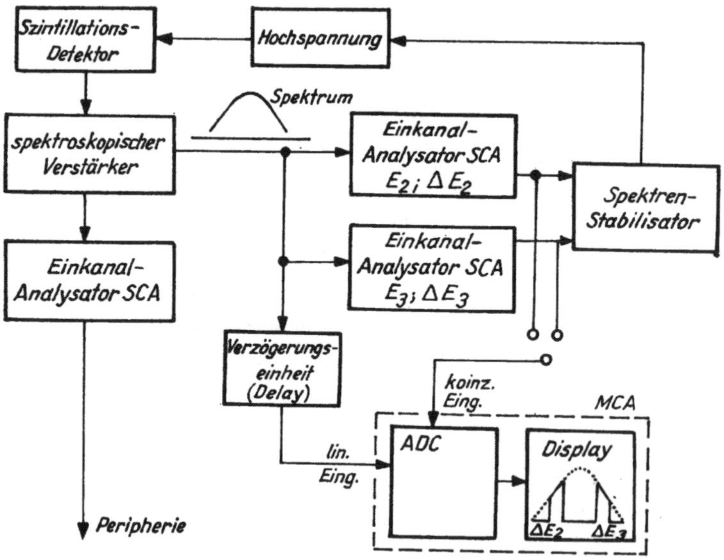

Abb. 2. Blockschaltbild — Spektrenstabilisierung

Ursachen für auftretende zeitliche Verschiebungen der Impulse zwischen dem linearen Ausgang des Verstärkers und dem SCA-Ausgang:

– Die endliche Laufzeit in Verstärkern und Analogbausteinen, die aber in der Schaltung nach Abb. 1 zu vernachlässigen ist, da sie in der Größenordnung von $< 10^{-8}$ s liegt.

– Die Form der Verstärkerausgangsimpulse, unipolar oder bipolar, deren Impulsbreite, wählbar durch Impulsformerzeitkonstanten τ, sowie die Impulshöhe. Abb. 3 zeigt die Lage und die Breite der bipolaren Verstärkerausgangsimpulse (z. B. von ORTEC 472) mit unterschiedlicher Formerzeitkonstante τ_{sh}, sowie den SCA Ausgangsimpuls (z. B. von ORTEC 420 A). Durch die Verzögerungseinheit Abb. 1 werden die Verstärkerausgangsimpulse verzögert, wodurch eine Überlappung mit dem SCA Ausgangsimpuls erreicht wird. Die Verschiebung der Impulsanfänge bei Variation von τ_{sh} in Abb. 3 ist so gewählt, daß der SCA Ausgangsimpuls einen festen Bezugspunkt besitzt.

– Die Triggereigenschaften des SCA, insbesondere das Setzen der Zeitmarke bei unterschiedlichen Eingangsimpulsen (unipolar, bipolar). Der SCA-Diskriminator triggert an dem gewählten, durch Potentiometer eingestellten, Spannungsniveau an der Vorderflanke des Impulses. Dieses Spannungsniveau entspricht dem Schwellenwert E_1 des Fensters ΔE_1. Das Rücksetzen des Triggerimpulses erfolgt an der Stelle, wo der Impuls das Nullniveau wieder erreicht. Die Rückschaltflanke des Triggerimpulses bildet die Vorderflanke des SCA Ausgangsimpulses, der der Zeitmarke entspricht. Aus der Kenntnis dieses Sachverhaltes muß die Lage der Zeitmarke und deren Abhängigkeit von Impulshöhenänderungen, nach der Art des SCA Eingangsimpulse (unipolar, bipolar) unterschiedlich bewertet werden.

Bei unipolaren Eingangsimpulsen besitzt die Rückflanke, insbesondere im unteren Teil, nur einen sehr flachen Abfall bis zur Annäherung an die Basislinie (Abb. 4). Dieser Abfallswinkel ist stark abhängig von der Impulshöhe, so daß bei kleinen Impulshöhen der Triggerimpuls eher rückgesetzt wird und die Zeitmarke früher erscheint. Die Werte in Abb. 4 zeigen, daß eine starke Verschiebung ΔB der Zeitmarke insbesondere im Bereich kleiner Impulshöhen auftritt. Im Arbeitsbereich des SCA bei Impulshöhen von etwa 2 – 6 V beträgt die Zeitmarkenverschiebung etwa 3% je Volt Impulshöhenänderung.

Bei bipolaren Impulsen mit positivem Anstieg zeigt die Steilheit der Rückflanke, die vergleichbar ist mit der Vorderflanke, einen definierten scharfen Nulldurchgang (Abb. 5). Dadurch wird die Zeitmarkenschwankung ΔB gegenüber unipolaren Impulsen stark verringert. Die Werte in Abb. 5 zeigen, daß die Zeitmarkenänderung ΔB nur im Bereich von Impulshöhen $< 1{,}0$ V auftreten, bei höheren Impulsen geht ΔB gegen Null. Die Lage der Zeitmarke ist damit unabhängig von der Impulshöhe. Die Gegenüberstellung der Art der Eingangsimpulse zeigt

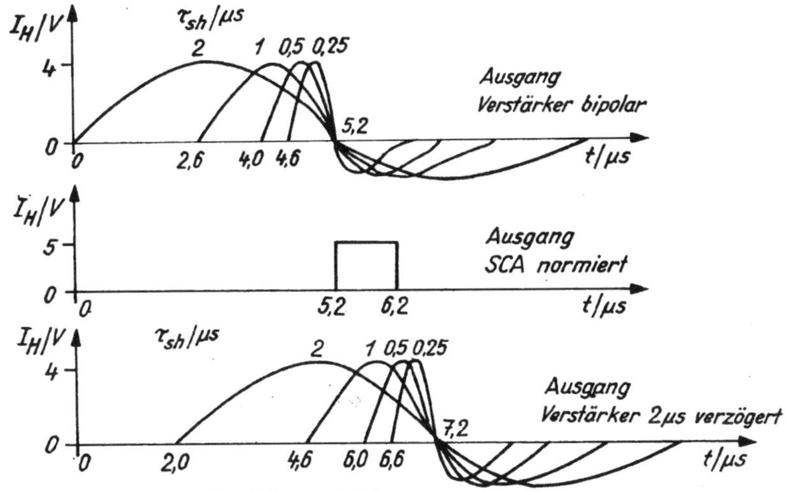

Abb. 3. Ausgangsimpulse von Verstärker und SCA
I_H – Impulshöhe; τ_{sh} – Impulsformerkonstante

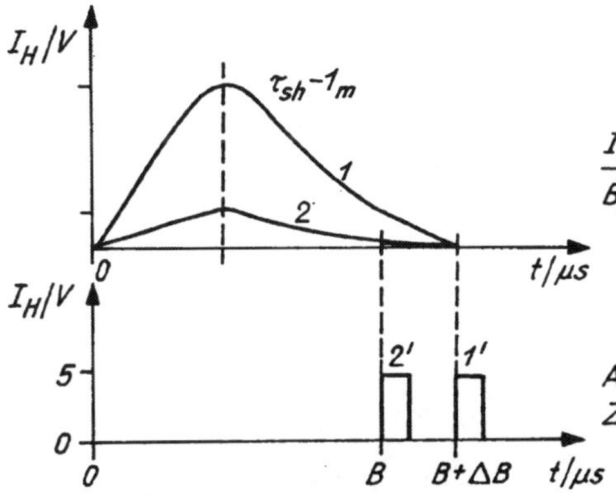

I_H/V	0,5	1,0	2,0	4,0	6,0
B/μs	4,5	5,2	5,8	6,2	6,6

Abb. 4. Setzen von Zeitmarken mit dem SCA an unipolaren Impulsen
T – Impulsbreite; τ_{sh} – Impulsformerkonstante; I_H – Impulshöhe
Bitte beachten: Statt τ_{sh} – 1_m lies τ_{sh} = 1μs; Überschrift für die kleine Tabelle: $T \approx 5 \cdot \tau_{sh}$

eindeutig die Vorzüge der Verarbeitung bipolarer Impulse, wenn genaue und stabile Zeitmarken, so wie es auch die Koinzidenztechnik erfordert, notwendig sind.

Die notwendige zeitliche Verschiebung der Ausgangsimpulse des Verstärkers, entsprechend der gewählten Impulsart und Impulsformerkonstanten τ_{sh} erfolgt unter

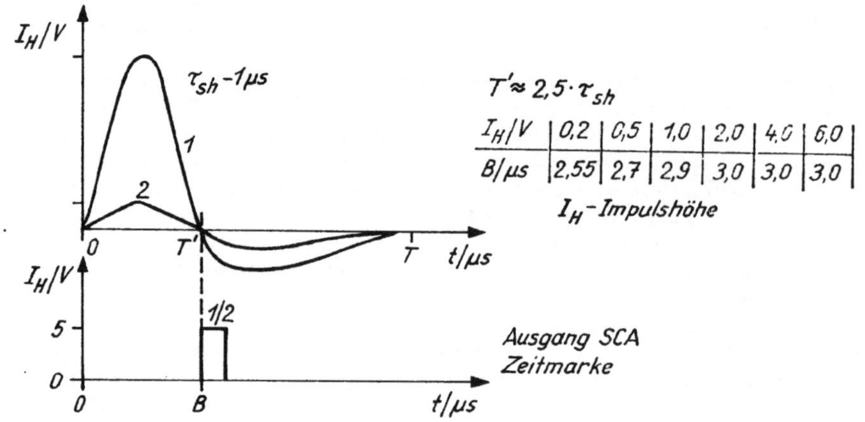

Abb. 5. Setzen von Zeitmarken mit dem SCA an bipolaren Impulsen
T – Impulsbreite; T' – Impulsbreite von pos. Anteil; τ_{sh} – Impulsformerkonstante; I_H – Impulshöhe
Bitte beachten: Statt τ_{sh} – 1µs lies τ_{sk} = 1µs

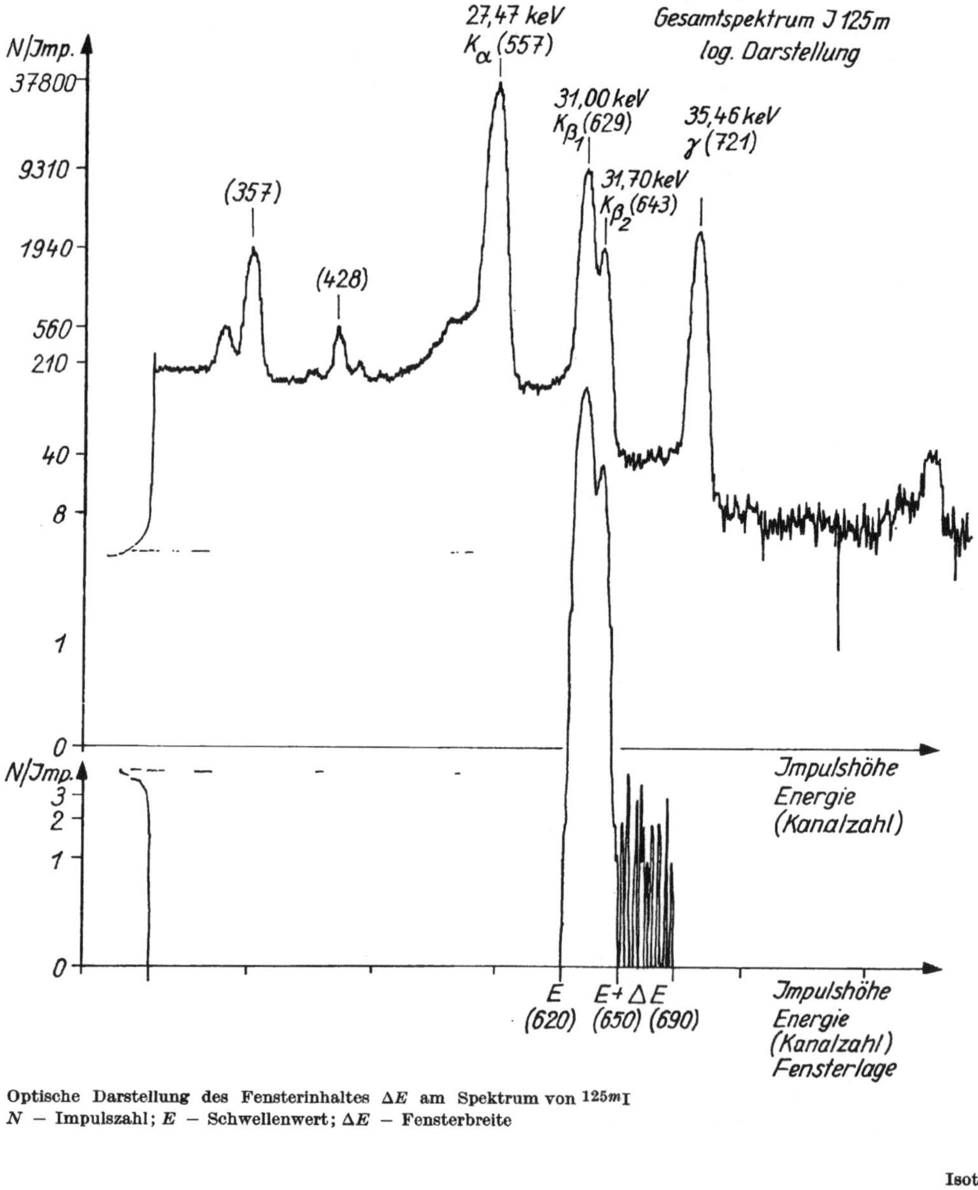

Abb. 6. Optische Darstellung des Fensterinhaltes ΔE am Spektrum von ^{125m}I
N – Impulszahl; E – Schwellenwert; ΔE – Fensterbreite

Berücksichtigung der Wahl der Koinzidenztechnik und deren Auflösungszeit τ_k .Die Promptkoinzidenz mit der Bedingung der Überlappung beider Impulse, unabhängig von deren Impulsbreiten, repräsentiert als Auflösungszeit die Summe der Impulsbreiten T_1, T_2

$$\tau_k = T_1 + T_2$$

wobei die Lage beider Impulse zueinander ohne Bedeutung ist. Der Grad der notwendigen Überlappung, von Impulsen endlicher Anstiegszeit, ist abhängig von der Koinzidenzstufe. So liegt die Schaltschwelle des Vielkanalanalysators NTA 1024 bei $\geqq$ 120 mV, um ein koinzidentes Ereignis als solches noch zu bewerten.

Auf den Fall der optischen Darstellung des SCA-Fensterinhaltes, durch Einsatz der Koinzidenztechnik, angewandt, genügt eine geringe Verzögerung der linearen Ausgangsimpulse des Verstärkers, von 0,5—1,0 µs, um eine Überlappung mit dem SCA Ausgangsimpuls (Abb. 3) und prompte Koinzidenzen zu erreichen. Dabei bleibt die Wahl der Impulsbreite durch τ_{sh} im wesentlichen ohne Einfluß.

Der Einsatz von Koinzidenzstufen mit definierter Auflösungszeit erfordert je nach Wahl der Impulsbreite am Verstärkerausgang, eine andere Verzögerungszeit, was mit einer durchstimmbaren Verzögerungseinheit zu realisieren ist.

3. Diskussion

Am Beispiel des Nuklid-Spektrums ^{125m}I, wie in Abb. 6 im logarithmischen Maßstab dargestellt, ist der Inhalt des gewählten Fensters (Koinzidenzspektrum), des SCA gemäß der Anordnung nach Abb. 1 abgebildet. Das Spektrum wurde aufgenommen mit einem Ge(LEPS)-Halbleiterdetektor, die bipolaren Ausgangsimpulse des spektroskopischen Verstärkers sind mit $\tau_{sh} = 1{,}0$ µs geformt. Die untere Fensterschwelle betrug 5,16 V, entspricht Kanal 620, die Fensterbreite 260 mV, entspricht 30 Kanäle. Aufgenommen wurden beide Spektren mit dem MCA-NTA 1024 im Promptkoinzidenzbetrieb. Die Integralwerte der Ereignisse des Fensterinhaltes, verglichen mit denen des K_β Anteiles vom Gesamtspektrum, korrigiert von Untergrund und *Compton*anteilen, zeigen sehr gute zahlenmäßige Übereinstimmungen, die Fenstergrenzen weisen eine hohe Trennschärfe auf. Das Problem des Auftretens zufälliger Koinzidenzen wurde untersucht, indem als Koinzidenzeinheit keine Promptkoinzidenzstufe, sondern eine mit definierter Auflösungszeit $\tau_k = 0{,}8$ µs, an die Stelle der ADC-Koinzidenz, Schaltung nach Abb. 1, ohne Verzögerungseinheit, eingesetzt wurde. Die Ausgangsimpulse des SCA wurden so verzögert, daß keine wahren Koinzidenzen innerhalb der Auflösungszeit τ_k auftreten konnten.

Die gemessenen zufälligen Koinzidenzen ergaben einen relativen Anteil von $5{,}5 \cdot 10^{-4}$, gegenüber dem Fensterinhalt des wahren Koinzidenzspektrum.

Bei Anwendung von Koinzidenzstufen mit konstanter Auflösungszeit τ_k, im Bereich von 1 µs und der Verarbeitung von unipolaren Impulsen mit Impulshöhen kleiner 2,0 V, muß man die starke Abhängigkeit der Zeitmarkenänderung ΔB (Abb. 4) von der Impulshöhe berücksichtigen. Die Breite des SCA Fensters ist diesem Sachverhalt anzupassen.

Eingegangen am 23. 12. 1981

Automatische Apparatur für Adsorptionsuntersuchungen an Elektrodenmaterialien

W. Moritz, K.-H. Heckner

(Humboldt-Universität zu Berlin, Sektion Chemie, Bereich Physikalische und Theoretische Chemie)[1]

Eine Apparatur für radiochemische Adsorptionsuntersuchungen aus Lösungen an kompakten Oberflächen (insbesondere an Elektrodenmaterialien) wird vorgestellt und ihre Funktion erläutert. Die entwickelte Zellenvariante zeichnet sich besonders durch die Möglichkeit einer automatisierten Aufnahme der Adsorptionskinetik mit Hilfe einer Programmsteuerung aus. Die Separationsmöglichkeiten verschiedener Strahlenanteile werden diskutiert. Zur Berechnung der Oberflächenkonzentration der absorbierten Ionen werden zwei unabhängige Methoden angegeben. Die Anwendung der Apparatur wird am Beispiel der Chloridadsorption an thermisch präparierten Platin-Iridium-Elektroden mit Titangrundkörper dargestellt. Im Bereich der Ausbildung der Oberflächenoxide ergab sich in der Potentialabhängigkeit eine deutliche Hysteresis.

Keywords

adsorption; chlorides; chlorine 36; electrodes; tracer techniques

Für die Aufklärung des Mechanismus von Elektrodenreaktionen ist die Kenntnis der Beteiligung adsorbierter Spezies von großer Bedeutung, so für die Natur der Doppelschicht und für die Frage der direkten Reaktion aus der Adsorptionsschicht.

Die bisher angewandten Methoden zur Untersuchung der Adsorption können in indirekte und direkte unterteilt werden, wobei unter indirekten Methoden solche zu verstehen sind, die Aussagen über die Adsorption nur auf der Basis der Auswertung von Meßergebnissen unter Voraussetzung von Modellen gestatten. Direkte Methoden sind bisher noch wenig entwickelt und (z. B. bei den elektrochemischen Methoden) häufig mit einer Störung des Adsorptionszustands verbunden. Die Anwendung von radioaktiven Isotopen für direkte Adsorptionsmessungen, wie sie von *Balaschova, Kasarinov* [1] und *Schwabe* [2] eingeführt wurden, stellt einen wesentlichen Fortschritt in den Meßmöglichkeiten dar. Die radiochemischen Adsorptionsmessungen zeichnen sich durch eine hohe Empfindlichkeit und die Möglichkeit einer direkten Identifizierung der adsorbierten Spezies aus.

[1]) Anschrift: 1080 Berlin, Bunsenstr. 1

Eine Übersicht über die bisher genutzten Apparaturen wird von *Horanyi* in [3] gegeben. Prinzipiell können 4 Varianten unterschieden werden:

a) direkte Messung der Aktivitätsabnahme in der Lösung;

b) Entnahme der Elektrode aus der Lösung und Bestimmung ihrer Aktivität;

c) Das zu untersuchende Elektrodenmaterial wird direkt auf die Meßsonde aufgebracht (z. B. aufgedampft) und dient gleichzeitig als Boden der Zelle;

d) Die Elektrode wird zur Messung der Aktivität auf den Boden der Zelle (dünne Folie) herabgelassen.

Die Wahl der geeigneten Methode wird durch mehrere Faktoren bestimmt, so durch die Strahlung des eingesetzten Isotops, das Elektrodenmaterial, die Anforderungen an die Potentialkonstanz und die verwendeten Konzentrationen. Für die von uns zu untersuchenden Probleme z. B. der Adsorption von Cl^- und J^- an thermisch präparierte Edelmetallschichten auf Titanunterlage stellt die von *Kasarinov* [4] entwickelte Apparatur nach dem unter d) genannten Prinzip eine optimale Lösung dar. Sie ist besonders für den Einsatz relativ weicher Strahler (β-Strahler und γ-Strahler bis etwa 50 KeV) geeignet und gestattet den Einsatz beliebiger planarer Elektroden. Das Prinzip dieser Methode wurde von uns ebenfalls angewandt, wobei jedoch bei der Entwicklung der Apparatur durch Einsatz einer Programmsteuerung eine Weiterentwicklung und Automatisierung erreicht werden sollte.

Prinzip der Methode und Grundlagen der Anwendung

Das Prinzip der Meßmethode wird in der Abb. 1 veranschaulicht. Es werden zwei Positionen der Arbeitselektrode unterschieden. In der ersten Position wird die Elektrode angehoben und befindet sich somit in Kontakt mit einem großen Lösungsvolumen. Unter diesen Bedingungen ist eine ungestörte Einstellung des Adsorptionsgleichgewichts möglich. Im Anschluß wird die Elektrode auf den Boden der Zelle heruntergelassen (Position zwei), so daß nur ein dünner Flüssigkeitsfilm zwischen Elektrode und Zellenboden verbleibt. Da als Boden der Zelle eine dünne Folie dient, kann in diesem Zustand die Aktivität der an der Elektrode absorbierten Isotope mit einem direkt unter der Folie befindlichen Zählrohr gemessen werden. Die Strahlungsabsorption durch den verbleibenden Flüssigkeitsfilm und die Folie kann durch entsprechende Konstruktion bei nicht zu weichen Strahlern gering gehalten und leicht ermittelt werden.

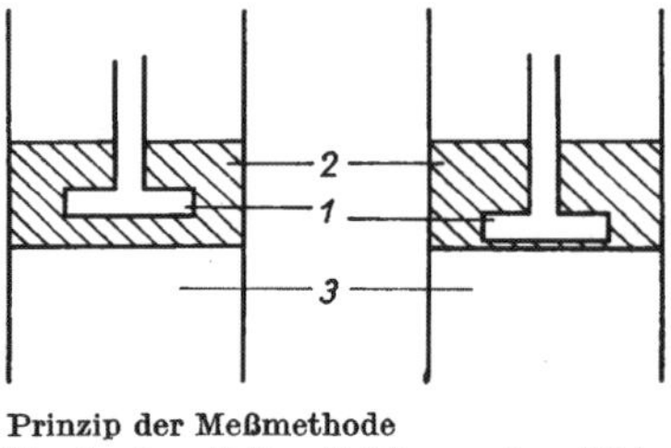

Abb. 1. Prinzip der Meßmethode
1 – Elektrode; 2 – Zelle mit Lösung; 3 – Zählrohr

Die so gemessene Aktivität resultiert jedoch nicht nur aus der Strahlung der absorbierten Ionen sondern auch aus anderen Strahlungsanteilen die sich nach Gleichung 1 addieren.

$$I = I_{ads} + I_k + I_M + I_R \qquad (1)$$

mit

I_{ads} Aktivität der an der Elektrode adsorbierten Ionen

I_k Aktivität aus der Schicht zwischen Elektrode und Membran

I_M Aktivität der an der Membran adsorbierte Ionen

I_R Strahlung aus der weiter entfernten und durch die Elektrode abgeschirmten Lösung

Die Empfindlichkeit der Messung wird entscheidend durch das Verhältnis von I_{ads} zu den anderen Strahlungsanteilen bestimmt. Für weiche β-Strahler gilt praktisch $I_R = 0$.

I_M ist sowohl vom Membranmaterial als auch vom untersuchten Ion stark abhängig. Durch geeignete Wahl und Vorbehandlung des Membranmaterials kann auch dieser Wert sehr klein gehalten werden.

I_k wird durch die Schichtdicke zwischen Membran und Elektrode beeinflußt und hängt somit stark von der Konstruktion der Zelle (s. dazu weiter unten) und der Rauheit der Elektrode ab. Die Messung der Summe aus den Größen I_k, I_M und I_R erfolgt unter Bedingungen für die I_{ads} null ist. Diese Bedingungen werden durch einen großen Überschuß inaktiver Ionen und die dadurch bewirkte entscheidende Erniedrigung der spezifischen Aktivität bei gleicher Gesamtaktivität erreicht.

Die unter diesen Bedingungen gemessene Strahlung

$$I_0 = I_k + I_M + I_R \qquad (2)$$

kann dann zur Korrektur der Aktivität während der Adsorptionsmessungen benutzt werden:

$$I_{ads} = I - I_0 \qquad (3)$$

Die Aktivität I_{ads} ist direkt proportional der Oberflächenkonzentration der absorbierten Ionen. Der Proportionalitätsfaktor zwischen beiden Größen kann durch Vergleich der adsorbierten Intensität mit der Intensität einer bekannten Menge unter gleichen geometrischen Bedingungen ermittelt werden. Da die Realisierung gleicher geometrischer Bedingungen für Adsorptionsuntersuchungen sehr kompliziert ist, wird von uns vorgeschlagen, den Proportionalitätsfaktor durch Auswertung des Selbstabsorptionsverhaltens der Lösung zu bestimmen. Bei dieser Methode wird mit Hilfe einer Mikrometerschraube eine Abstandsvariation zwischen Elektrode und Membran (Abb. 1) durchgeführt. Die Strahlung aus dieser Schicht wird in Abhängigkeit von der Schichtdicke d durch Gleichung 4 beschrieben:

$$I = I_\infty(1 - e^{-Ad}) \qquad (4)$$

I Strahlung einer quasiunendlich dicken Schicht (für weiche Strahler wenige mm)

A Absorptionskoeffizient

Daraus folgt, daß der Absorptionskoeffizient aus einer Auftragung

$$\ln [(I - I_\infty)/(-I_\infty)]$$

gegen d ermittelt werden kann, eine entsprechende Auftragung ist in Abb. 2 dargestellt. Durch einen Vergleich der Aktivitäten bei verschiedenen Abständen mit der Aktivität I_0 (entsprechend der Position 2 in Abb. 1) kann außerdem die Dicke der Flüssigkeitsschicht zwischen Elektrode und Folie nach Gleichung (4) ermittelt werden. Sie betrug für die hier betrachteten Elektroden 70 μm. Das Verhältnis zwischen der Impulsdichte und der Objektmenge des Isotops in der Flüssigkeitsschicht ist auf Grund der Selbstabsorption nicht konstant. Mit Gleichung (4) und den Daten aus der Abstandsvariation ist jedoch eine

Extrapolation auf extrem dünne Schichten (z. B. 10^{-3} mm) möglich. In diesem Bereich ist das Verhältnis zwischen Impulsdichte und Objektmenge annähernd konstant und praktisch nicht von der Absorption verfälscht. Für die Berechnung der Oberflächenkonzentration an der Elektrode adsorbierter Teilchen ist als Korrektur lediglich die Strahlungsabsorption in der Flüssigkeitsschicht zu berücksichtigen, für die die Größe *A* und *d* ebenfalls bekannt sind.

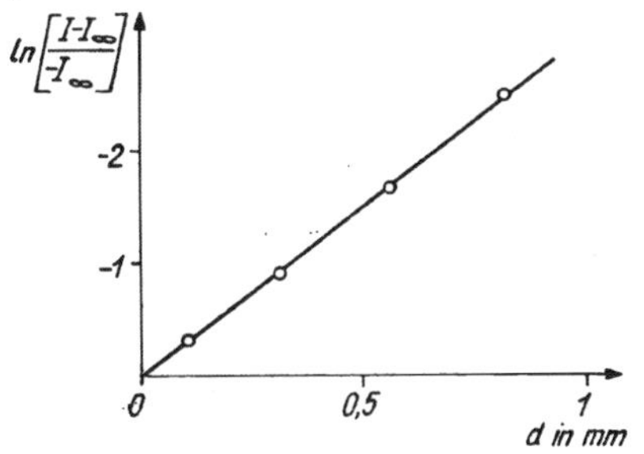

Abb. 2. Abhängigkeit der Aktivität vom Abstand Elektrode–Folie gemäß Gl. (4) für ^{36}Cl

Beschreibung einer automatisierten Zellvariante

Die von uns angewandte Adsorptionsmeßzelle ist in der Abb. 3 dargestellt. Der Zellenkörper besteht aus Piacryl und wurde im unteren Teil, in dem sich die Lösung (15 ml) befindet, thermostatierbar gestaltet. Die auf ihr Adsorptionsverhalten zu untersuchenden Elektroden (1) werden als Scheiben mit einem Durchmesser von 30 mm (in Teflon eingepreßt) verwendet. Sowohl die Gegen- (2) als

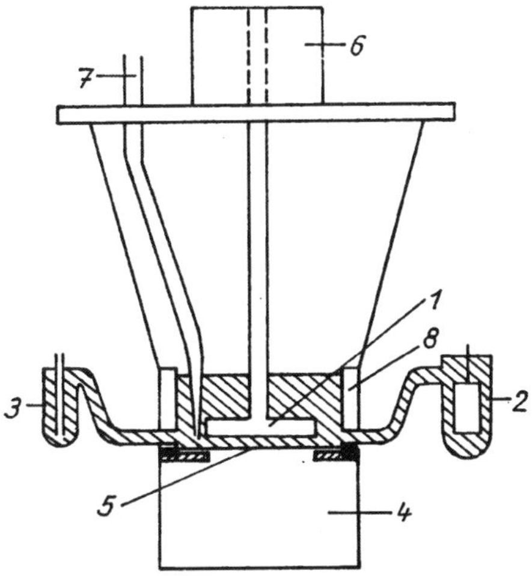

Abb. 3. Adsorptionsmeßzelle
1 – Elektrode; 2 – Gegenelektrode; 3 – Bezugselektrode; 4 – Zählrohr; 5 – Folie (Zellenboden); 6 – Magnet; 7 – Absaugkapillare; 8 – Thermostatierung

auch die Bezugselektrode (3) wurden in seitlichen, durch Fritten abgetrennten Gefäßen angeordnet, so daß sie nicht mit aktiven Lösungen in Berührung kommen. Die zur Schaffung reproduzierbarer und definierter Ausgangszustände auf der Elektrodenoberfläche erforderliche Vorbehandlung, z. B. durch wechselseitiges katodisches und anodisches Polarisieren, ist gleichfalls in dieser Zellenvariante möglich. Da sich in allen Teilen der Zelle die Flüssigkeitsspiegel auf gleichem Niveau befinden, können während der Messung alle Sperrhähne offen gehalten werden Damit wird ein sich aus der großen Elektrodenfläche (7 cm^2) ergebender großer Stromfluß ohne wesentliche *Ohm*sche Spannungsabfälle möglich. Die sonst übliche Überführung der Elektrode von einer Vorbehandlungszelle in die Meßzelle wird dadurch vermieden und Unsicherheiten über den Elektrodenzustand, wie sie sonst auftreten, werden so verhindert. Der Lösungswechsel erfolgt unter Stickstoffatmosphäre durch Absaugen der Lösung und Nachlaufenlassen eines definierten Volumens mit Stickstoff gespülter Lösung.

Als Boden der Zelle wird eine dünne PTFE-Folie (d = 12 μm) verwendet, die gleichzeitig als Meßfenster des Gasdurchflußzählrohres (VA-Z-530.1.) dient. Die Folie ist in ein Verbindungsstück eingespannt, das außerdem eine feste Verbindung der elektrochemischen Meßzelle mit dem Gasdurchflußzählrohr gewährleistet. Der Einsatz eines Gasdurchflußzählrohres bietet gegenüber *Geiger-Müller*-Zählrohren und Szintillationssonden einige Vorteile, die sich bei vergleichenden Vorversuchen zeigten. So kann mit dieser Anordnung eine sehr gute Zählausbeute erreicht werden. Für den Einsatz weicher Strahler (Cl-36, S-35) ist von besonderem Vorteil, daß die Absorption nur durch eine Folie verursacht wird, die gleichzeitig als Boden der Zelle und als Abschluß des Zählrohrs dient. Bei Anwendung von *Geiger-Müller*-Zählrohren und Szintillationssonden zeigte sich, daß die zur Aktivitätsmessung auf die Folie gedrückte Elektrode zwischen sich und der Folie eine Flüssigkeitsschicht einschloß, deren Schichtdicke sich über einige Minuten veränderte. Die daraus resultierende störende zeitliche Veränderung des Meßwertes ist in Abb. 4 dargestellt. Durch Verwendung eines Gasdurchflußzählrohres wurde es möglich, diesen Effekt weitgehend zu eliminieren. Dazu wurde mit Hilfe von Nadelventilen ein definierter Überdruck im Zählrohr erzeugt, der eine minimale Durchwölbung der Folie bewirkt, die wiederum durch das Gewicht der Elektrode aufgehoben wird. Damit konnte erreicht werden, daß sich in Zeiten <1 s eine konstante Schichtdicke einstellt, so daß sich der Meßwert nicht mehr zeitlich verändert.

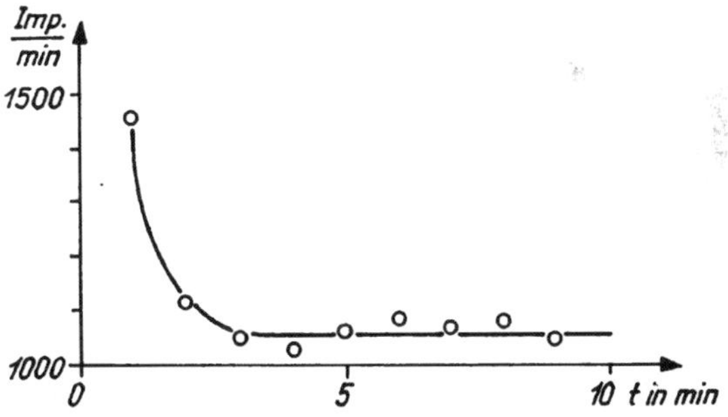

Abb. 4. Zeitliche Veränderung des Meßwertes bei Messungen mit einem Szintillationszähler

Ein wesentlicher Vorteil der beschriebenen Zelle ist, daß das entsprechend dem Prinzip der Meßmethode notwendige Anheben und Absenken der Arbeitselektrode über einen Elektromagneten realisiert wird. Ein Automatisierungseffekt wird dabei durch den Einsatz einer im Eigenbau realisierten Programmsteuerung [5] erreicht. Das Zusammenwirken der verschiedenen Teile der Apparatur wird aus dem Schema in Abb. 5 deutlich. Die Taktdauer der Programmsteuerung wird über die Quarzuhr des Strahlungsmeßplatzes bestimmt und stimmt daher mit der Meßzeit der Aktivitätsmessung überein. Der Stopimpuls löst einen Impuls in der Programmsteuerung aus, der bei entsprechender Programmierung eine Änderung der Position der Arbeitselektrode innerhalb der Pausenzeit des Meßplatzes (0,3 s) bewirkt. Die Programmsteuerung wurde auf der Grundlage der integrierten Schaltkreise U 311 als 20-bit-Ringschieberegister aufgebaut. Es stehen damit 20 frei programmierbare Zustände (entsprechend den Positionen der Arbeitselektrode) zur Verfügung, die auch während der Messung umprogrammiert werden können. Damit ist es möglich, bei der Aufnahme der Kinetik der Adsorption die Meßpunkte zu beliebigen Zeitpunkten und auch bei ungleichen Zeitabständen vorprogrammiert zu wählen.

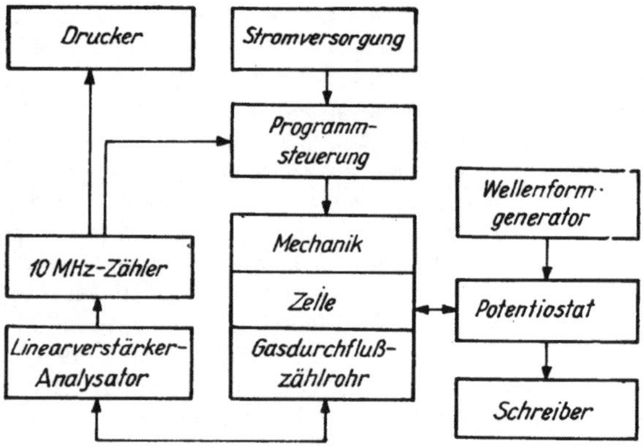

Abb. 5. Schema der Adsorptionsmeßanordnung

Als besonders wertvoll erwies sich die Apparatur bei sehr langsamer Einstellung des Adsorptionsgleichgewichts (s. z. B. Abb. 6), da hier über Zeiten von mehr als 30 h eine automatische Aufnahme der Absorptionskinetik bei hoher Präzision der Meßzeitpunkte erreicht wurde.

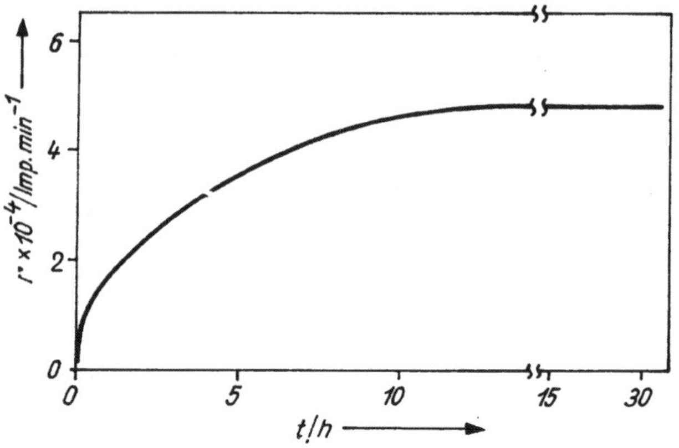

Abb. 6. Zeitabhängigkeit der Chloridabsorption
$E = 1{,}4$ V/NHE, 10^{-4} M NaCl, 0,1 M $HClO_4$

Beispiele zur Anwendung der Apparatur

Die Anwendung der beschriebenen Apparatur soll an Hand einiger Ergebnisse zur Adsorption von Chlorid an thermisch präparierten Platin-Iridium-Elektroden mit Titangrundkörper dargestellt werden. Für diese Messungen wurde ^{36}Cl mit einer spezifischen Aktivität von 0,46 mCi/mmol verwendet. Als eine besondere Eigenschaft der untersuchten Elektroden zeigte sich, daß die Einstellung der Adsorptionsgleichgewichte sehr langsam erfolgt; so wurden im allgemeinen konstante Werte erst nach 1—10 h erreicht. Häufig, insbesondere für die Desorption, konnte jedoch auch nach langen Zeiten (bis 30 h) keine Konstanz erreicht werden.

In Abb. 6 ist eine typische Zeitabhängigkeit der Adsorption dargestellt. Es zeigt sich, daß bei einem Potential von 1,4 V/NHE in einer 10^{-4} M NaCl Lösung etwa 15 h bis zum Erreichen annährend konstanter Werte vergehen. Beim Auftragen von $\ln\left[1 - \frac{\Gamma}{\Gamma_{max}}\right]$ gegen die Zeit wurde eine Gerade gefunden. Ein solches Verhalten deutet darauf hin, daß der langsame Adsorptionsprozeß als Konkurrenzprozeß zur Ausbildung von Oberflächenoxiden anzusehen ist.

Die Untersuchung der Potentialabhängigkeit der Adsorption ergab eine ausgeprägte Hysteresis in Abhängigkeit von der Richtung der Potentialänderung (s. Abb. 7). Interessant ist dabei, daß im Potentialgebiet von 0,0 bis 0,5 V/NHE eine sehr gute Übereinstimmung beider Kurven und ein Anstieg der Adsorption mit dem Potential gefunden wird und nur im Gebiet größer 0,5 V ein unterschiedliches Adsorptionsverhalten in Abhängigkeit von der Richtung der Potentialänderung auftritt, wobei jedoch in beiden Kurven ein Maximum der Adsorption durchlaufen wird. Diese Hysteresis im Adsorptionsverhalten spiegelt die geringere Cl^- Adsorption an den Metalloxidschichten wieder. Im Falle des Platin liegt der Beginn

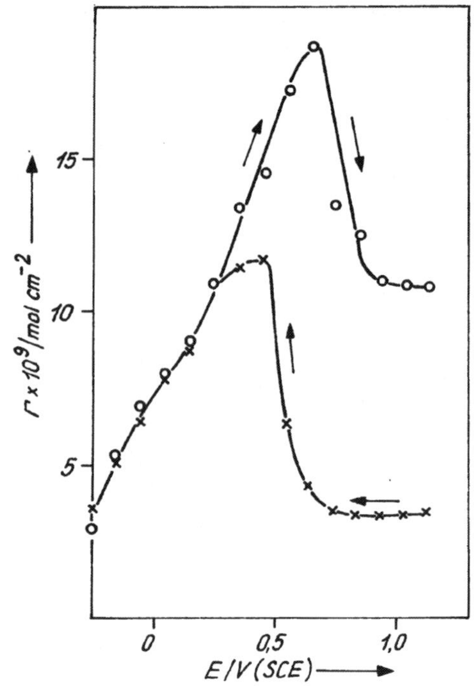

Abb. 7. Potentialabhängigkeit der Chlorid-Adsorption
Die Pfeile geben die Richtung der Potentialänderung an

der Bildung von Oberflächenoxiden bei etwa 0,8 V/NHE und mit steigendem Potential nimmt der Bedeckungsgrad an Oberflächenoxiden zu. Verbunden damit ist eine Verdrängung adsorbierter Cl^--Ionen. Diese Prozeßfolge kehrt sich bei Erniedrigung des Potentials um, wobei die genannte Hysteresis auftritt. Auf Grund der Irreversibilität der Bildung der Oberflächenoxide erfolgt ihre Reduktion erst bei katodischeren Potentialen im Gebiet von 0,9 bis 0,5 V. In Übereinstimmung damit erfolgt in diesem Potentialgebiet eine starke Zunahme der Adsorption und mit zunehmender Reduktion eine Annäherung an das Verhalten der reduzierten Elektrode.

Eine ausführliche Darstellung unserer Ergebnisse zur Cl^- und J^- Adsorption erfolgt an anderer Stelle [6].

Unser besonderer Dank gilt Herrn Dr. *Uwe Ewert* für die Realisierung der Elektronik der Programmsteuerungen.

Eingegangen am 26. 11. 1981

Literatur

[1] *N. A. Balashova, V. E. Kasarinov,* Electroanalytical Chemistry' Vol. 3, New York 1969, S. 135
[2] *K. Schwabe,* Electrochim. Acta 6 (1962) 223
[3] *G. Horaniy,* Kémiai Közlemenyck 43 kötet (1975) S. 279
[4] *V. E. Kasarinov,* Elektrochimia 2 (1966) 1170
[5] *W. Moritz, U. Ewert, F. Waterstradt,* NVe 52/78 Humboldt-Universität zu Berlin 1978
[6] *K.-H. Heckner, W. Moritz,* In Vorbereitung

Informationen

IAEA. In der 2. Jahreshälfte 1982 veranstaltet die IAEA folgende wissenschaftliche Konferenzen:

- Internationales Symposium der IAEO, CEA und NEA über Konditionierung radioaktiver Abfälle für die Zwischen- und Endlagerung: Utrecht, Niederlande, 21. 6. – 25. 6.
- Internationales Symposium über Radioimmunoessay und verwendete Verfahren in der Medizin: Wien, 21. 6. – 25. 6.
- Internationale Konferenz über Plasmaphysik und Forschungen über gesteuerte Kernverschmelzung: Baltimore, USA, 1. 9. – 8. 9.
- Internationale Konferenz über Erfahrungen mit Kernenergiegewinnung: Wien, 13. 9. – 17. 9.
- Internationales Symposium über Steuerung und Ausrüstung von Kernkraftwerken: München, BRD, 11. 10. bis 15. 10.
- Internationales Symposium über die jüngsten Fortschritte bei der Überwachung von Kernmaterial: Wien, 8. 11. – 12. 11.
- Internationales Symposium über Wasserchemie und Korrosionsprobleme in Kernreaktoren und ihren Bestandteilen: Wien, 22. 11. – 26. 11.

Außerdem sind folgende Seminare über Themen von besonderem Interesse vorgesehen:

- Schulungsseminar über nukleare analytische Verfahren und ihre Anwendung bei der Lagerstättensuche, im Bergbau und bei der Erzaufbereitung: Ottawa, Kanada, 28. 6. – 2.7.
- Seminar über Messung hoher Dosen bei der Anwendung von Strahlenverfahren in der Industrie: Riso, Dänemark, 20. 9. – 2. 10.
- Seminar der FAO und IAEO über Verwendung induzierter Mutationen in der Pflanzenzucht für Länder in Lateinamerika: Lima, Peru 17. 10. – 23. 10.
- Seminar über Einsatzprogramme für Strahlenunfälle für Entwicklungsländer in Europa und im Nahen Osten
- Seminar über Qualitätsstandardisierung bei Verwendung nuklearmedizinischer Geräte, für Entwicklungsländer in Asien und im Pazifischen Raum

(Pressemitteilung der IAEA 82/1)

IAEA. Das von der IAEA geschaffene und angewandte System internationaler Sicherheitskontrolle ist einzigartig insofern, als zum ersten Mal in der Geschichte Staaten freiwillig auf einen Teil ihrer Souveränität verzichten und Ausländern gestatten, Inspektionen durchzuführen und zu überprüfen, ob sie ihre Verpflichtungen aufgrund internationaler Verträge und Abkommen einhalten. Noch bemerkenswerter werden die Schaffung und die bisherigen Erfolge des Überwachungssystems der IAEA dadurch, daß es sich um Anlagen von solcher Bedeutung für die nationale Sicherheit wie Kernreaktoren und Brennstofffabriken handelt.

Trotzdem sind Zielsetzung, Funktion und Autorität des Überwachungssystems der IAEA vielfach mißverstanden worden. Um nun diese Irrtümer zu bereinigen und die Öffentlichkeit sachlich zu informieren, hat die IAEA eine 38seitige Broschüre „IAEA Safeguards. An Introduction"*) veröffentlicht. Sie ist als Behelf für Planungstechniker und Betreiber von Kernanlagen gedacht, kann aber, da sie nicht allzu technisch ist, auch alle anderen interessieren, die sich mit nuklearen Fragen auseinanderzusetzen haben. Die Publikation soll als Ergänzung zur stärker detaillierten Fachliteratur einen allgemeinen Überblick über das Thema geben.

Fast die gesamte Kernindustrie der Welt außerhalb der Atomwaffenstaaten untersteht der Überwachung durch die IAEA, heißt es in der Broschüre. Im Dezember 1980 gehörten 110 kernwaffenlose Staaten dem Atomsperrvertrag an, der ihnen unter anderem die Verpflichtung auferlegt, keine Kernwaffen oder Kernsprengstoffe zu erwerben und ihre gesamten friedlichen Arbeiten auf nuklearem Gebiet durch die IAEA überwachen zu lassen, um zu überprüfen, ob sie die eingegangenen Verpflichtungen erfüllen.

Während des Jahres 1980 wurden rund 6 000 000 Kontrollbilder aufgenommen und rund 400 000 Angaben in den Computer der IAEA eingespeist. Rund 200 kleinere Unstimmigkeiten wurden entdeckt, die sämtlich bei einer anschließenden Begutachtung und Untersuchung aufgeklärt werden konnten. So konnte man 1980 – wie in der vorhergehenden Jahren – zu dem Schluß gelangen, daß das gesamte von der IAEA überwachte Kernmaterial wie vorgesehen für friedliche Zwecke verwendet wurde oder auf andere Weise erfaßt war.

(Pressemitteilung der IAEA 81/34)

IAEA. Am 9. November 1981 wurde die IAEA von der irakischen Atomenergie-Kommission darüber informiert, daß es nunmehr, nach der Räumung des TAMUZ-Reaktorgebäudes von Bomben und teilweise beschädigten radioaktiven Quellen, sicherer sei, das Gebäude zu betreten, und daß man bereit sei, IAEA-Inspektoren jederzeit zu empfangen.

Daraufhin inspizierten die IAEA-Safeguardsinspektoren *G. Rabot* und *V. Seleznev* vom 15. bis 17. November 1981 die Anlagen im Kernforschungszentrum Tuwaitha bei Bagdad. Im weitläufigen Forschungsreaktorkomplex, der

*) IAEA 1981. IAEA/SG/INF/3; ÖS 100,–

am 7. Juni 1981 durch einen israelischen Luftangriff getroffen wurde, stellten die Inspektoren ein Totalinventar von 39 Brennelementbündeln französischer Herkunft fest, die rund 12,5 kg hochangereicherten Urans enthalten. Dieses Ergebnis steht in voller Übereinstimmung mit den Resultaten früherer Inspektionen am 28.–29. Juni nach der Ankunft der Brennelementbündel im Irak und am 18.–19. Januar 1981 nach dem ersten Luftangriff auf das Forschungszentrum (30. Sptember 1980). Die Inspektoren hatten das Reaktorzentrum bereits am 18. Juni 1981 nach dem israelischen Luftangriff besucht. Das Tamuz-Gebäude war jedoch infolge weitgehender Zerstörung unzugänglich.

Ein frisches Brennelementbündel befand sich in einem Gestell in der Reaktorhalle. Die übrigen 38 bestrahlten Brennelementbündel lagerten im Becken des kleinen Forschungsreaktors TAMUZ II, der offensichtlich bei dem Luftangriff nicht getroffen worden war. Das unmittelbar angrenzende Gebäude des großen Forschungsreaktors TAMUZ I ist schwer beschädigt. Die Inspektion stellte keine Verletzung des Spaltstoff-Kontrollabkommens zwischen dem Irak und der IAEA fest.

(Pressemitteilung der IAEA 81/32)

IAEA. Mehr als 250 Leistungsreaktoren sind heute auf der Welt in Betrieb, rund 250 weitere sind im Bau oder in der Planung. Die arbeitenden Leistungsreaktoren repräsentieren Betriebserfahrungen im Ausmaß von mehr als 2000 Jahren. Sie liefern rund 8% der auf der Welt erzeugten Elektrizität.

Diese guten Betriebserfahrungen mit Kernkraftwerken sind weitgehend den wirkungsvollen Überwachungsmethoden zuzuschreiben, die von den Ländern, in denen solche Anlagen arbeiten, entwickelt und angewandt worden sind.

Sicherheitsanalysen durch den Lieferanten und den Inhaber der Betriebsgenehmigung, sowie Begutachtungen durch die Aufsichtsbehörden sind wesentliche Voraussetzungen, um die Betriebssicherheit von Kernkraftwerken zu gewährleisten. Inspektionen der Standorte und Baupläne, der Bauarbeiten und des Betriebes von Kernkraftwerken durch die Versorgungsbetriebe und die zuständigen Regierungsbehörden schaffen und erhalten die Grundlagen für die Betriebssicherheit.

Die IAEA gibt im Rahmen ihres Programms nuklearer Sicherheitsnormen (NUSS) Richtlinien für die Organisation und Durchführung der Überwachung von Leistungsreaktoren, um die staatlichen Behörden bei der Planung und Durchführung der Sicherheitsbegutachtung vor der Erteilung der Betriebsgenehmigung sowie bei den erforderlichen behördlichen Inspektionen während der Standortewahl, der Planung, des Baues und des Betriebes zu unterstützen.

Vom 23. bis 26. November 1981 veranstaltete die IAEA ein Seminar über Sicherheitsbegutachtung und Inspektion von Kernkraftwerken.

(Pressemitteilung der IAEA 81/33)

Tokio/IAEA. Japan stellte finanzielle Mittel in Höhe von 236000 US Dollar zur Verfügung, um ein Dreijahresprojekt zum Einsatz von Kernstrahlung für die Konservierung von Lebensmitteln zu fördern. Dadurch soll vor allem eine Verbesserung der Lebensmittelversorgung in den Entwicklungsländern des asiatischen und pazifischen Raumes erreicht werden. Die Verwendung von Kernstrahlung zur Konservierung von Lebensmitteln, zur Verbesserung ihrer Lagerfähigkeit und zur Verminderung der Einbußen, die nach der Ernte durch Insekten verursacht werden, ist seit langem als vielversprechendes Verfahren anerkannt. Der Energieverbrauch ist dabei wesentlich geringer als bei konventionellen Methoden, und man kann die Verwendung von Lebensmittelzusätzen und Räuchermitteln drastisch einschränken oder ganz auf sie verzichten. Da Strahlung imstande ist, das Austreiben von Wurzelfrüchten zu verhindern, Parasiten, Insekten und Mikroben abzutöten und die Reifung gelagerter Früchte und Gemüse abzubremsen, bietet sie die Möglichkeit, die nach der Ernte eintretenden Verluste zu vermindern und die Qualität der Lebensmittel zu verbessern. Darüber hinaus gestattet die Bestrahlung die Konservierung bereits verpackter Nahrungsmittel. Da das Bestrahlungsgut nicht erwärmt wird, bleiben rohe Produkte frisch, und der ursprüngliche Zustand der Nahrungsmittel bleibt erhalten.

(Pressemitteilung der IAEA 81/31)

Frankreich. In Frankreich befanden sich per 31. 12. 1981 insgesamt 30 Kernkraftwerksblöcke mit zusammen 22721 MWe brutto in Betrieb. Hiervon haben 22 Blöcke mit insgesamt 20138 MWe Druckwasserreaktoren, 6 mit 2258 MWe Gas-Graphitreaktoren, 1 mit 75 MWe einen Schwerwasserreaktor und 1 mit 250 MWe einen Schnell-Brutreaktor. Allein im Jahre 1981 wurden 8 Kernkraftwerke mit zusammen 7528 MWe brutto neu in Betrieb genommen.

(Atomwirtschaft/Atomtechnik 1/1982)

Japan. Nach den Anträgen des Ministry of International Trade and Industry (MITI) und der Science and Technology Agency (STA) soll sich das japanische Nuklearbudget 1982 um 7,9% auf 292,768 Mrd. Yen erhöhen.

(Atomwirtschaft/Atomtechnik 1/1982)

Buchbesprechungen

Allgemeine Chemie
Energetik, Dynamik und Struktur chemischer Systeme

J. A. Campbell. 2. durchgesehene Aufl.; Weinheim: Verl. Chemie 1980. 1223 S., 421 Abb., 192 Tab.; geb. DM 78,—

Vor der Zeit der Spezialisierung in den Naturwissenschaften, so gegen Ende des vergangenen Jahrhunderts, war man mehr geneigt, Bücher und Monographien mit sehr verallgemeinerndem Charakter zu schreiben. Im besonderen Fall der Chemie waren Titel wie Allgemeine Chemie oder Allgemeine und Physikalische Chemie häufiger. Zur Zeit der Spezialisierung, in der wir uns heute befinden, sind solche anspruchsvollen Titel weniger häufig, im Gegenteil, man begegnet eher Buchtiteln, die so speziell sind, daß eine Zuordnung nicht immer leicht ist. Hier liegt nun ein Versuch einer verallgemeinerten Betrachtung der Chemie vor, die man mit einer hohen Erwartungshaltung in die Hand nimmt.

Zunächst zum Aufbau des Buches: Es beginnt mit einem völlig unkonventionellen Vorwort, das zweigeteilt an die Studenten und an die Dozenten gerichtet ist, um das Anliegen so getrennt deutlich zu machen. Der zweite unkonventionelle Schritt ist ein Prolog, der die Chemie in ihrer vielfältigen Bezogenheit zur Gegenwart mit ihren Problemen darzustellen versucht: Existenzbedrohungen der Menschheit und steigende Bevölkerungszahlen der Erde werden in knappen Worten skizziert und Gegenmaßnahmen diskutiert und auf insgesamt nur 21 Seiten zu Papier gebracht. Danach folgt die eigentliche „Chemie" — in 7 Teile aufgegliedert und in überschaubare und erlernbare Teile von 30 und 40 Seiten untergliedert. Die Überschriften deuten auf eine didaktisch bevorzugte Einteilung nach den Gebieten der physikalischen Chemie hin, so daß stoffliche Einteilungsprinzipien oder gar solche der Art „anorganische" und „organische" Chemie hintanstehen. Unter einer Überschrift beispielsweise — Teil 6 „Struktur und Veränderung" — sind Unterabschnitte Kristalle und Symmetrie, Festkörperreaktionen und Oberflächenchemie, Metalle und ihre Verbindungen, Fluide Phase und schließlich Lösungen und Trennprozesse untergebracht — eine ungewohnte, aber sehr überzeugende Art einer Stoffaufbereitung. Jedes Kapitel ist mit Aufgaben versehen, die ein echtes Mitarbeiten abverlangen.

Nur weniges kann ergänzend vermerkt werden: Es fällt auf, daß alle Angaben im Abschnitt Prolog älteren Datums sind, so um die Mitte bis zum Ende der 60er Jahre. In der Zwischenzeit ist viel Neues an Erkenntnissen dazugekommen (CO_2-Zunahme in der Atmosphäre, Entwicklung der Bevölkerungszahlen, Einsatz von Düngemitteln in der Landwirtschaft u. a. m.), so daß bei einer höchstwahrscheinlich zu erwartenden Neuauflage eine Aktualisierung dieser Daten vonnöten wäre — schon im Hinblick auf die in der Zwischenzeit voll wirksame „Erdölkrise".

Auf S. 334 wird die Autoxydation am Beispiel der Reaktion des Chlors mit Quecksilberoxid unter Bildung von Chlorid und Dichloroxid definiert, dies entspricht nicht der im allgemein üblichen Definition von Autoxydation, nämlich der Einwirkung von molekularem Sauerstoff auf chemische Verbindungen — meist organische Verbindungen — bei Zimmertemperatur unter Bildung von Hydroperoxiden oder Peroxiden. Auf S. 457 sollte an einer Stelle der Begriff Geochemie genannt werden, da dort recht leicht der Zusammenhang hergestellt werden kann (vielleicht auch Kosmochemie auf S. 458). Auf S. 1183 werden zwei Arten von Organismen unterschieden, je nachdem, ob sie bei ihrer Energiegewinnung Kohlenhydrate synthetisieren (autotrophe), oder ob sie dazu nicht in der Lage sind (heterotrophe). Man sollte diese trophische Einteilung auch nennen.

Bleibt schließlich festzustellen, daß hier ein den gegenwärtigen Ansprüchen in hohem Maße genügendes Buch über die allgemeine Chemie vorliegt, das eine weite Verbreitung erfahren sollte und das sowohl den Chemie Studierenden als auch den Chemie als Nebenfach Studierenden einen sicheren Einstieg in diese schöne Wissensdisziplin gestattet.

H. Hübner

Chemie und chemische Technik

H. Gross, Technik-Wörterbuch, Deutsch—Englisch. Berlin: VEB Verlag Technik 1980. 636 S., Kunstleder M 55,—

Nun liegt das Pendant des bereits 1975 erschienenen Technik-Wörterbuches Englisch—Deutsch vom gleichen Verlag vor. Die Verfasser geben an, daß dieses Wörterbuch etwa 56000 Fachbegriffe enthält, die aus dem gesamten Spektrum der Chemie, der Labortechnik, der anorganischen und organisch-technischen Chemie und der chemischen Verfahrenstechnik entnommen sind. Man kann Wörterbücher nicht lesen, und man kann auch nicht aufzählen, was alles in einem vorliegenden Wörterbuch enthalten ist — es hieße ja, das gesamte Wörterbuch noch einmal wiederzugeben. Deshalb ist nur eine Möglichkeit gegeben, um eine Einschätzung zu versuchen, nämlich aufzuzählen, was alles nicht enthalten ist — auch wissend, daß dieser Weg starke subjektive Elemente hat. So sind in dem vorliegenden Wörterbuch nicht enthalten: Korrelations-Koeffizient, Bestimmtheitsgrad, Isotopenchemie, Isotopengeochemie, Isotopenvariation, Umweltisotope, Belastung, Normalkoordinate, Normalkoordinatenanalyse, Laborbericht, Käfigeffekt, Einzelmessung, *Arrhenius*-Gerade, Einstellzeit, Mauersalpeter, Mol-%, Biomasse, geochemische Barriere, Umbau, Berlinerblau, gemessen, berechnet (mit), Phlogiston, dephlogistiert, Erbschaftspulver, Epsomsalz, Zeugfärberei, Bleiasche, Hiptagensäure, wie überhaupt den Trivialnamen große Aufmerksamkeit geschenkt werden sollte, da gerade sie bei notwendigen Übersetzungen bekannterweise die größten Probleme auslösen können.

Insgesamt sollte man freilich immer eingedenk der Tatsache sein, daß in einem Wörterbuch nicht alles stehen kann.

Die vorliegende 1. Auflage dürfte schon eine sehr gut geeignete Grundlage darstellen, um das in zunehmendem Maße notwendige Übersetzen von Fachtexten ins Englische zu erfüllen. So gesehen, dürfte dieses Fachwörterbuch nicht nur eine spürbare Lücke schließen, sondern auch dem Bedürfnis weiter Kreise entsprechen; es wird gute Aufnahme finden.

H. Hübner

Radiation Chemistry of Hydrocarbons

Hrsg. von G. Földiak unter Mitwirkung von Gy. Cserép, I. György, M. Roder u. L. Wojnárovits. Budapest: Akadémiai Kiadó: 1981. 476 S., 67 Abb., 147 Tab; geb. Ft 420,—

Das Buch gibt einen umfassenden Überblick über das Radiolyseverhalten niedermolekularer, aliphatischer, cyclischer und aromatischer Kohlenwasserstoffe und schließt damit eine seit langem bestehende empfindliche Lücke zusammenfassender Darstellungen auf dem Gebiet der Strahlenchemie. Dem Autorenkollektiv gelang die Erfassung der Vielzahl auch für den Fachmann nur noch schwer übersehbaren einschlägigen Publikationen seit 1965 (ca. 1600 Literaturzitate) und die Aufnahme der wichtigsten darin enthaltenen experimentellen Ergebnisse in übersichtlichen, teilweise recht umfangreichen Tabellen und Abbildungen. Daneben besticht die Monographie durch das stets erkennbare Bemühen, Gesetzmäßigkeiten zwischen dem Radiolyseverhalten und der molekularen Struktur der Kohlenwasserstoffe aufzufinden, Verallgemeinerungen abzuleiten und wahrscheinliche Reaktionsmechanismen zu entwickeln.

Schwerpunkt der Darlegungen bilden die durch stationäre Radiolyse gewonnenen experimentellen Ergebnisse, die international besonders zahlreich veröffentlicht wurden, mit detaillierten Angaben über sich bildende stabile Endprodukte und deren Strahlenausbeute (*G*-Werte). Berücksichtigung finden aber auch reaktive Zwischenprodukte und die bis zum Redaktionsschluß (1979) noch wenig entwickelten zeitauflösenden pulsradiolytischen Messungen im Nano- und Pikosekundenbereich. Auf die Behandlung polymerer Kohlenwasserstoffe wurde verzichtet und die Prozesse der strahleninitiierten Polymerisation nur kurz erwähnt.

Dem Buch ist ein Kapitel vorangestellt, in dem der Leser zunächst mit den Hauptprozessen der Radiolyse in anschaulicher und kurz gefaßter Form vertraut gemacht wird. Eine ausführlichere Behandlung der hier ebenfalls erwähnten modernen physikalischen Radiolysenmethoden könnte den Wert des Buches weiter erhöhen und gleichzeitig dem Anliegen der Verfasser dienen, Anregungen für weitere Untersuchungen zur Radiolyse von Kohlenwasserstoffen zu geben.

Die weiteren Abschnitte gliedern sich in Anlehnung an die chemischen Grundstrukturen der Kohlenwasserstoffe in

Aliphatische Alkane (*I. György*)
Cycloalkane (*L. Wojnárovits*)
Aliphatische Alkene u. Alkine (*Gy. Cserép*)
Cycloalkane (*Gy. Cserép*) und
Aromatische Kohlenwasserstoffe (*M. Roder*)

Jedem dieser Kapitel sind einführende Bemerkungen vorangestellt, gefolgt von detaillierter Beschreibung des strahlenchemischen Verhaltens der einzelnen Verbindungen und ihrer Mischungen. Sie enden jeweils mit einer Zusammenfassung, in der Verallgemeinerungen abgeleitet und Schlußfolgerungen gezogen werden.

Das Buch wurde für Spezialisten der Strahlenchemie geschrieben, ist aber auch denen zu empfehlen, die an der Kohlenwasserstoff- und Petrolchemie interessiert sind, da viele Prozesse der Radiolyse auch auf thermochemische und physikochemische übertragbar sind. Auch den mit Problemen der Hochtemperatur-Pyrolyse befaßten Spezialisten dürfte das Buch wegen der vorhandenen Ähnlichkeit der Prozesse wertvoll sein.

W. Reicherdt

Trace Element Analytical Chemistry in Medicine and Biology Proc. of the first International Workshop, Neuherberg, F.R.G., April 1980

Hrsg. P. Brätter u. P. Schramel. Berlin—New York: de Gruyter 1980. (engl., deutsch) 851 S., 237 Abb., 126 Tab., 958 Lit., geb.DM 180,—

Der Sammelband enthält 62 Vorträge und die Niederschrift einer Panel Diskussion der 1. Arbeitstagung über die Analytik der Spurenelemente in Medizin und Biologie und des Symposiums über Spurenelemente in den Lebenswissenschaften. Die Rolle der Spurenelemente in der Medizin, der medizinischen Diagnostik, der Ernährung und der Krebsforschung wird jeweils in Übersichtsbeiträgen dargestellt. Die Mehrzahl der Originalmitteilungen befaßt sich mit Veränderungen der Spurenelementgehalte in Organen und Körperflüssigkeiten bei Erkrankungen, wobei vorwiegend die Anwendung der Neutronenaktivierungsanalyse erfolgt. Die Atomabsorptionsspektrometrie wird ebenfalls in vielen Fällen angewandt, dagegen befinden sich Atomemissionsspektrometrie Röntgenfluoreszenzspektrometrie und Massenspektrometrie noch im Zustand der methodischen Entwicklung, was ihre Anwendung in der Medizin betrifft.

Die auf der Tagung am häufigsten diskutierten Spurenelemente sind Selen, Zink, Kupfer und Eisen, weiterhin wurde die Bestimmung von Kobalt, Chrom, Kadmium, Mangan, Molybdän, Jod und Blei in mehreren Arbeiten vorgestellt. Die Bestimmungen erfolgten in verschiedenen Organen im Blut, wobei in mehreren Arbeiten die gelchromatographische Auftrennung verschiedener Eiweißfraktionen des Serums vor der Elementgehaltsbestimmung beschrieben wurde.

Einige Beiträge befassen sich mit der Probenvorbereitung und der Analyse von Standardmaterialien. Die Auswertung der Analysen von Standardmaterialien sowie der Literaturangaben über die Gehalte von Spurenelementen im Blutserum macht deutlich, daß viele Laboratorien noch nicht in der Lage sind, richtige Analysenwerte zu gewinnen, obgleich die Methoden als entwickelt gelten.

Die großen Unsicherheiten bei den Analysen selbst und bei der Beurteilung des Wertes von Angaben über die Spurenelementgehalte machen Zusammenkünfte von Spurenanalytikern und Medizinern, wie auf der hier besprochenen Veranstaltung, erforderlich.

Der besprochene Sammelband ist eine Fundgrube für Mediziner und Biochemiker, die sich für Spurenelemente interessieren, und für Analytiker, die Spurenelemente in biologischen Materialien untersuchen.

S. Niese

Zeitdiskrete und digitale Systeme Netzwerke IV

G. Fritzsche, Berlin: Akademie-Verlag 1981. 158 S., 22 Abb, 25 Tafeln (WTB Mathematik—Physik Bd. 268); M8,00

Das Buch bildet den vierten und letzten Band einer Darstellung über elektrische Netzwerke. In diesem Band gibt der Autor aufbauend auf den Bänden I bis III eine Einführung in die Theorie und den Entwurf diskreter Systeme. Ausgehend von der raschen Entwicklung auf dem Sektor der Schaltkreistechnik möchte er zur weiteren Durchsetzung digitaler Methoden bei Problemen der Signalverarbeitung beitragen. In den Hauptkapiteln (Diskrete Signale, Analyse zeitdiskreter Systeme) führt er den Leser übersichtlich in die Gesamtproblematik ein. Einerseits nennt er die mathematischen Ausdrucksmittel zur Beschreibung und stellt die Verbindung zur technischen Realisierung her, andererseits wendet er diese Mittel auf eine Beschreibung der betrachteten Systeme im Zeit- und Frequenzbereich an.

Der Autor wendet sich mit diesem Band an Interessenten der Wissensgebiete Elektrotechnik, Elektronik, Nachrichtentechnik, Physik und Mathematik. Während er den mehr technisch Interessierten auf die zur Verfügung stehenden mathematischen Mittel hinweist, wird der mathematisch Interessierte wertvolle Anregungen für den Einsatz der ihm sicherlich bekannten Methoden finden.

Das Buch ist nicht zuletzt aufgrund vieler Abbildungen und Tafeln gut lesbar und kann den genannten Interessenten empfohlen werden.

M. Remer

Kernphysikalische Analysenmethoden für die Umweltkontrolle Tagungsbericht der 1. All-Unionstagung vom 23. bis 26. Okt. 1979 in Taschkent

Ju. A. Israel (Hrsg.) Leningrad: Gidrometeoisdat 1980, 247 S., div. Abb. u. Tab.; geb. Rbl 1,60; M 8,—

Der Tagungsbericht ist in 4 große Abschnitte geteilt: Allgemeine Fragen zur Umweltkontrolle, Gehaltsbestimmungen von Umweltstoffen in natürlichen Gewässern und in der Atmosphäre, Kontrolle der Zusammensetzung von biologischen Objekten und metrologische Gesichtspunkte bei der Kontrolle von Umweltobjekten. Es wurden 30 Vorträge gehalten, die sich recht gleichmäßig auf die genannten 4 Abschnitte verteilen. Das Hauptgewicht der Beiträge liegt auf der Kontrolle der uns umgebenden Umwelt, wobei insbesondere die Schwermetalle und die in die Umwelt gelangten Spaltprodukte behandelt werden. Als Analysenmethoden werden die instrumentelle Neutronenaktivierungsanalyse und einige radioanalytische Verfahren (β- und γ-Spektrometrie) vorgestellt und an einigen Fallstudien ihre Anwendung demonstriert.

Der Tagungsbericht gibt einen guten Überblick über die Anwendungsmöglichkeiten kernphysikalischer Analysenmethoden auf dem Gebiet der Umweltgeochemie. Die dargestellten Beispiele sind aus unterschiedlichen Bereichen, so daß für Wissenschaftler, die auf diesem Gebiet tätig sind, viele Anregungen gegeben werden.

H. Hübner

Quarks — Urstoff unserer Welt

H. Fritzsch. München—Zürich: R. Piper & Co. 1981. 230 S., 91 Abb.; geb. DM 39,80; ÖS 306,50

Demokrit von Abdera, der Schöpfer der Lehre von den Atomen und eines kausalen Weltbildes, hat einmal gesagt, daß diejenigen, die die Existenz der Atome lehren, behaupteten, die Teilung komme bei den teillosen Primärkörpern zum Stehen und sei nicht bis ins Unendliche möglich. Es ist ein reizvolles Spiel der Gedanken, sich vorzustellen, was *Demokrit* beim Lesen des vorliegenden Buches über den Urstoff unserer Welt, die Quarks, sagen würde.

Das Buch ist in insgesamt 20 überschaubare und in einem Zuge lesbare Kapitel geteilt, wobei von Anbeginn in Richtung Quarks, starke Wechselwirkung und Quantenchromodynamik hingearbeitet wird — es werden kaum 50 Seiten, entsprechend 2 Kapiteln, auf die Vorgeschichte, und, wenn man so will, auf das Wissen der Zeit vor der Quark-Hypothese verwendet, also die Zeit vor ungefähr 1964.

Harald Fritzsch geht verantwortungsvoll mit seiner Gabe um, die Probleme der Hochenergiephysik dem interessierten Laien oder wir sollten vielleicht eher sagen: dem naturwissenschaftlich interessierten Laien näherzubringen. Man folgt ihm gern in seinen Darlegungen, da man immer von seinem über den Dingen stehenden Wissen begleitet wird.

Dem Rezensenten sind folgende Kleinigkeiten aufgefallen, die in zu erwartenden späteren Neu- oder Nachauflagen leicht zu beheben sind: Es ist störend, wenn man laufend (insgesamt 27 mal) auf Hinweise der Art „. . . mit denen wir uns später im einzelnen beschäftigen werden . . ." stößt, die weder didaktisch notwendig sind, noch stilistisch begründet werden können. Zu Beginn der Lektüre sind diese Hinweise ebensowenig berechtigt wie gegen Ende des Buches. Auf Seite 200 wird gesagt, daß sich Elektronen mit gleicher Spinrichtung gegenseitig magnetisch anziehen würden — wohl nicht. Und schließlich erwartet man gegen Ende des Buches eine in geeigneter Form zusammengestellte Tabelle aller bisher entdeckten Elementarteilchen, um sich sozusagen selbst einen Überblick über das Gelesene und Verstandene zu machen — eine übersichtlich gewählte Form unter Beachtung der Quark-Hypothese würde noch zusätzlich eine Vertiefung des erreichten Wissens der Leser erzielen.

Ein sehr gutes, mit Aufmerksamkeit zu lesendes Buch über ein Kapitel moderner Forschung, das die Grenzen unseres Wissens erahnen und die vor uns liegenden weiteren Schwierigkeiten deutlich werden läßt.

H. Hübner

Stable Isotope Geochemistry Minerals and Rocks, Vol. 9

J. Hoefs. 2nd, completely revised and updated edition, Berlin—Heidelberg—New York: Springer-Verlag 1980; XII, 208 S., 52 Abb., 23 Tab.; gebunden DM 58,—

Die nunmehr vorliegende 2. Auflage (die 1. Auflage erschien 1973) gliedert sich in 3 große Kapitel, nämlich Kapitel 1: Theoretische und experimentelle Grundlagen (22 S.), Kapitel 2: Isotope Eigenschaften einiger ausgewählter Elemente (36 S.) und Kapitel 3: Isotopenvariationen in der Natur (106 S.). Schon ein Vergleich des Seitenumfanges läßt erkennen, wo der Schwerpunkt dieser Monographie liegt. Die Isotopenvariationen in der Natur werden naheliegenderweise in die einzelnen Geosphären weiter aufgeteilt, einschließlich der Meßergebnisse an extraterrestrischen Materialien. Von jeder Geosphäre werden die einzelnen Elemente (H, C, O, N, S) mit ihren Isotopenvariationen vorgestellt.

Es ist schon erstaunlich, welche Fülle an Ergebnissen und bereits verstandenen Zusammenhängen vorliegen, die nur auf die Tatsache zurückgeführt werden können, daß man ein Element oder eine chemische Verbindung aus dem Stoffvorrat der Natur entnimmt, eine sorgfältig ausgeführte Isotopenanalyse vornimmt und nun versucht, den erhaltenen Wert (als δ-Wert in Promille-Abweichungen von bestimmten festgelegten Standards) mit anderen, ähnlichen Werten zu vergleichen bzw. aus der Vorgeschichte des Stoffes und den Kenntnissen über die Auswirkungen von Isotopieeffekten bei Stoffwandlungen zu interpretieren. Diese einleuchtende Gedankenkette an verläßlichen und überzeugenden Beispielen zu demonstrieren, ist dem Autor eindeutig gelungen; er ist selbst ein aktiv mitwirkender Wissenschaftler auf diesem kaum ein Vierteljahrhundert alten Wissensgebiet, was man bei der Auswahl aus dem bereits angehäuften Wissen deutlich merkt.

Einige wenige Bemerkungen: Es sollte genauer auseinandergehalten werden, was ein Nuklid ist und was die Nuklide eines Elements, nämlich die Isotope, sind (S. 1); die nicht-isotop zusammengesetzten 21 Elemente sollten deshalb als mononuklidische Elemente bezeichnet werden. Auf S. 88 sollte der in Vulkanen vorkommende elementare Schwefel besser mit S_8 angegeben werden; die Literaturstelle von *Siegenthaler* auf S. 103 stammt aus dem Jahre 1979. Auf S. 54 wird der Wunsch nach mehr experimentellem Material zur Isotopenfraktionierung des Stickstoffs bei biochemischen Transformationen ausgesprochen; solchen allgemeinen Wünschen sollte man substantieller begegnen, indem man genauer formuliert, in welcher Richtung notwendige Ergebnisse zu fordern sind. Hier kann nur eine kritische Sichtung des bereits vorgelegten und durchaus nicht bescheidenen Datenfundus weiterführen.

Der Umfang an Literatur hat im Vergleich zur 1. Auflage (140 S. und 498 Zitate) in entsprechender Relation (208 S. und 850 Zitate) zugenommen, obwohl der prozentuale Anteil der Literatur, die jeweils innerhalb der letzten 5 Jahre vor Erscheinen der 1. bzw. 2. Auflage veröffentlicht wurde, von der 1. Auflage (35,1%) zur 2. Auflage (22,8%) gesunken ist.

Diese Monographie sollte in allen geochemischen Laboratorien griffbereit zur Verfügung stehen. Da sich Umweltforscher in zunehmendem Maße auch der Methode der Bestimmung von δ-Werten anthropogener Stoffe bedienen, wird dieser Wissenschaftlerkreis großen Nutzen aus dem vorgelegten Buch ziehen können. Die Methode der Interpretation von natürlichen Isotopenvariationen verdient es, daß sie eine große Verbreitung erfährt, denn sie ist ein besonders rücksichtsvoller Umgang mit der Natur, um ihre Gesetzmäßigkeiten zu begreifen.

H. Hübner

Reaktorhandbuch
Kerntechnische Grundlagen für Betriebspersonal in Kernkraftwerken

B. J. Lederer und D. W. Wildberg. München: Verlag Karl Thiemig, 1981 Thiemig-Taschenbücher Bd. 90) 292 S., 164 Abb.; DM 40,–

Das Taschenbuch ist in 9 größere Kapitel eingeteilt, beginnend mit den Grundlagen der Atom- bzw. Kernphysik, der Wärmetechnik und übergehend zu den Hauptteilen, nämlich den Kernkraftwerken, den Reaktormaterialien, den Fragen des Strahlenschutzes und der Reaktorsicherheit und schließlich endend mit Angaben über die Instrumentierung, also der Meß- und Regelungstechnik bis hin zu Ausführungen über den Reaktorbetrieb. Mit dieser Aufzählung allein wäre aber das Anliegen dieses Taschenbuches nur ungenau charakterisiert, denn es zielt darauf ab, dem Betriebspersonal von Kernanlagen eine Schrift anzubieten, mit deren Hilfe eine Ausbildung und auch eine ständige Weiterbildung des ingenieurtechnischen Personals möglich ist. So mußte aus der Vielzahl an Kenntnissen und verbindlichem Wissen auf dem Gebiet der Kerntechnik eine wohlabgewogene Auswahl getroffen werden, die gerade diesen Personenkreis anspricht und damit einen Beitrag leistet, um durch ein permanent geschultes Personal richtige Reaktionen bei eintretenden Eventualfällen auslösen zu können.

Beide Autoren wissen aus langjähriger praktischer Tätigkeit, worauf es dabei ankommt. Diese Betriebserfahrenheit aus unmittelbarer Nähe von Kernkraftwerken wird in dieser Schrift auch mitgeteilt. Sie kann jedem empfohlen werden, der berufsmäßig eine Tätigkeit ausübt, die ein ständig parates Wissen auf dem Gebiet der Kerntechnik abverlangt. Daß darüber hinaus zu den gegenwärtigen, viel diskutierten Fragen zur Kernenergie noch manchem Außenstehenden ein erforderliches Wissen zur Sache mitgeteilt werden kann, dürfte den Leserkreis noch erweitern, über das Betriebspersonal in Kernkraftwerken hinaus.

H. Hübner

Im Ernstfall hilflos
Katastrophenschutz bei Atom- und Chemieunfällen

E. R. Koch und F. Vahrenholt. Köln: Kiepenheuer & Witsch 1980 381 S.; kartoniert DM 19,80

In einer Zeit, wo fast täglich überraschende Meldungen über verheerende Katastrophen verbreitet werden — seien sie durch natürliche Prozesse ausgelöst oder seien sie auf menschliches oder technisches Versagen zurückzuführen —, kann der moderne Mensch schon verzagen und fatalistischen Anschauungen nachhängen. Man kann vielleicht recht schnell und einfach definieren, was ein Sicherheitsbeauftragter eines Betriebes wissen und beachten muß, um Unheil abzuwenden, aber weniger einfach und auch weniger genau kann gesagt werden, was der vielzitierte Mann auf der Straße wissen sollte, um auch von ihm im Ernstfall richtiges Verhalten und folgerichtige Reaktionen verlangen zu können.

Im vorliegenden Buch wird von 8 Autoren in 11 Beiträgen unterschiedlicher Länge zu zeigen versucht, welche Lehren aus abgelaufenen Störfällen der Chemie- und Kernenergiewirtschaft in der jüngsten Zeit gezogen werden können. Naheliegenderweise bedarf es dazu einer Reihe von notwendigen Voraussetzungen an Wissen, die erläutert und für den beabsichtigten Zweck erklärt werden. Besonders dramatisch werden die ersten 15 Minuten des verhängnisvollen Reaktorstörfalls von Three Mile Island in Harrisburg vom 28. März 1979 geschildert, und es wird leicht erkannt, auf welch komplizierte Weise einzelne (Fehl-) Reaktionen einander bedingen. Wenig überzeugend und wohl mehr ein bestimmtes Ziel verfolgend, wird von *Roland Kollert* erneut der Versuch unternommen, den von *Zhores Medwedjew* „wissenschaftlich" abgeleiteten Reaktorunfall im Südural von 1957/58 mit in die Diskussion einzubeziehen Hier sollte man einfach die wesentlich überzeugenderen Gegenargumente mit aufführen, wie sie beispielsweise durch den namhaften Radiochemiker am KFZ — Karlsruhe, Prof. Dr. *Cornelius Keller*, schon 1979 in einer Buchbesprechung an anderer Stelle bereits ausgesprochen wurden.

Das Buch ist zwar insgesamt kein sperriges Thema, aber von allen beitragenden Autoren flüssig geschrieben und verständlich dargestellt. Es wird deutlich, daß neben einem notwendigen fachlichen Beistand für die Menschen auch ein flächendeckendes Netz an Vorsorgemaßnahmen erforderlich ist, um Schlimmes zu verhüten. Es ist ein preiswertes und ein für viele empfehlenswertes Buch.

H. Hübner

Teilspektren, Peakflanken usw.), ermöglicht die exakte Zuordnung der Teilbereiche hinsichtlich Lage, Breite, Grenzen zum Gesamtspektrum. Die erreichte hohe Trennschärfe der selektierten SCA-Fenster ist besonders für Arbeiten der energiedispersiven Koinzidenztechnik und bei der Spektrenstabilisierung von Vorteil.

W. Moritz, K.-H. Heckner

Automatische Apparatur für Adsorptionsuntersuchungen an Elektrodenmaterialien

Isotopenpraxis 18 (1982) H. 8, S. 303 bis 307
7 Abb., – Tab., 6 Lit.

Eine Apparatur für radiochemische Adsorptionsuntersuchungen aus Lösungen an kompakten Oberflächen (insbesondere an Elektrodenmaterialien) wird vorgestellt und ihre Funktion erläutert. Die entwickelte Zellenvariante zeichnet sich besonders durch die Möglichkeit einer automatischen Aufnahme der Adsorptionskinetik mit Hilfe einer Programmsteuerung aus. Die Separationsmöglichkeiten verschiedener Strahlungsanteile werden diskutiert. Zur Berechnung der Oberflächenkonzentration der absorbierten Ionen werden zwei unabhängige Methoden angegeben. Die Anwendung der Apparatur wird am Beispiel der Chloridadsorption an thermisch präparierten Platin-Iridium-Elektroden mit Titangrundkörper dargestellt. Im Bereich der Ausbildung der Oberflächenoxide ergab sich in der Potentialabhängigkeit eine deutliche Hysteresis.

Informationen

Isotopenpraxis 18 (1982) H. 8, S. 307 bis 308

Buchbesprechungen

Isotopenpraxis 18 (1982) H. 8, S. 309 bis 312

precise definition of partial ranges with regard to their position, width, and boundaries within the total spectrum. The achieved high selectivity of selected SCA windows is especially favourable for energy-dispersive coincidence techniques and for spectrum stabilization.

W. Moritz, K.-H. Heckner

A New Automatic Equipment for the Investigation of Adsorption on Electrode Materials

Isotopenpraxis 18 (1982) No. 8, p. 303 to 307
7 Fig., – Tab., 6 Ref.

A new equipment for the radiochemical investigation of adsorption from solutions on compact surfaces, especially electrode materials, is represented and explained in his function. The developed cell system gives the possibility of the automatic registration of the kinetik of adsorption with the help of an programme control. The possibilitys of separation of the different parts of radiation will be discused. Two independent methods of calculation of the surface concentration of adsorped ions will be represented. The application of the equipment to the investigation of chloride adsorption on thermal preparated Pt-Ir coated Ti-electrodes will be illustrated. In the range of generation of surface oxide an hysteresis was observed.

Information

Isotopenpraxis 18 (1982) No. 8, p. 307 to 308

New Books

Isotopenpraxis 18 (1982) No. 8, p. 309 to 312

Contents of this Issue

Articles

Kolibri 360 GmbH
Ferdinand-Jühlke-Straße 7
99095 Erfurt, Deutschland
produktsicherheit@kolibri360.de